作者简介

顾进广，博士，副教授，硕士生导师。男，1974年11月出生。主要研究方向为分布式计算、智能信息处理、语义Web及软件工程。现为IEEE、IEEE-CS和ACM会员，中国计算机学会和中国电子学会高级会员。1995年和1997年分别于武汉科技大学信息科学与工程学院获工学学士学位和工学硕士学位，2005年于武汉大学计算机学院获工学博士学位。现为武汉科技大学计算机科学与技术学院教师，并在东南大学计算机科学与技术博士后流动站从事智能信息处理、软件工程等方面的研究工作。在国内外专业期刊和会议上发表学术论文二十余篇，其中SCI-E、EI和ISTP收录二十余次。主持中国博士后科研基金项目、江苏省博士后科研基金项目和湖北省教育厅科学研究项目各一项，参与湖北省自然科学基金项目、湖北省教育厅科学研究重点项目多项，主持和参与横向项目多项。

陈莘萌，教授，博士生导师。男，1939年9月出生。1958年8月毕业于武汉大学数学系，1981～1983年在日本京都大学作访问学者，从事并行处理研究。历任中国计算机学会委员、中国计算机学会体系结构专委会委员、信息存储专委会委员、中国计算机学会体系结构专委会主任、湖北省微机领导小组成员、湖北省财会电算化软件评审专家组组长、武汉大学计算机科学研究所副所长、国务院电子信息系统推广应用办公室“电子计算机应用系列教材”常务主编等职。早年从事计算机系统结构与计算机应用的研究，主持开发了GNB-Ⅰ型通用计算机系统等填补多项国内技术空白的大型系统。1979年以来，主要从事分布并行处理研究。20世纪80年代初，主持开发了国内第一个分布式计算机系统Wudp-80，随后又主持开发了Wudp-85、Wudp-88、Wudp-91等分布式并行计算机系统，并在分布并行算法方面进行了卓有成效的研究。1989年，在人工智能和智能系统新原理研讨会上提出“多时空思维”的新学术观点，受到学术界的普遍关注。20世纪90年代以来，主持多项国家自然科学基金课题、国家攀登计划课题和863基础研究课题。近几年发表论文30余篇。

中国博士后科研基金(20060400275)
湖北省自然科学基金(2007ABA296)
江苏省博士后科研基金(0601009B)
湖北省教育厅科学研究项目(Q200711004)
软件工程国家重点实验室(武汉大学)开放基金(SKLSE05-03)
武汉科技大学高层次引进人才科研专项资助项目
武汉科技大学计算机科学与技术学院学科建设基金

计算机科学学术丛书

基于语义的XML信息集成技术

顾进广 陈莘萌 著

图书在版编目(CIP)数据

基于语义的 XML 信息集成技术/顾进广,陈莘萌著.—武汉:武汉大学出版社,2007.10

计算机科学学术丛书

ISBN 978-7-307-05843-9

Ⅰ.基… Ⅱ.①顾… ②陈… Ⅲ.可扩充语言,XML—程序设计 Ⅳ.TP312

中国版本图书馆 CIP 数据核字(2007)第 147397 号

责任编辑:黄金文　　责任校对:刘　欣　　版式设计:支　笛

出版发行:**武汉大学出版社**　(430072　武昌　珞珈山)

(电子邮件:wdp4@whu.edu.cn 网址:www.wdp.whu.edu.cn)

印刷:湖北新华印务有限公司

开本:787×1092　1/16　印张:8.875　字数:208 千字　插页:1

版次:2007 年 10 月第 1 版　　2007 年 10 月第 1 次印刷

ISBN 978-7-307-05843-9/TP・274　　定价:18.00 元

内 容 简 介

基于 XML 的半结构化信息集成技术成为当前信息技术十分活跃的前沿研究领域之一。本书系统介绍了分布式环境下基于语义的 XML 信息集成的原理、方法，技术及原型系统。并总结了作者在该领域的研究成果和国内外同行的研究工作。本书较系统和全面地介绍了基于语义的 XML 信息集成技术的各种背景知识和相关的新思路、新观点和新成果，可以作为计算机科学与技术和信息技术专业高年级本科生、研究生教学用书，也可供从事这方面研究和开发工作的科技人员参考。

目　录

前　言

信息系统的广泛应用和互联网技术的发展，促进了人们对完整获取分布、异质信息的需求。然而，由于分布式环境下半结构化信息和非结构化信息在结构上和语义上的异构性，实现信息的共享、交换和互操作往往十分困难。主要表现在以下方面：

（1）在互联网应用领域，由于大部分信息资源采用基于 HTML 的语言进行表示和存储，虽然方便了人们之间的信息交流，但由于 HTML 语言本身的限制，计算机之间无法识别相互表示的信息资源，造成互联网资源利用率过低，大量的资源被浪费和闲置。

（2）在企业信息化建设、电子商务和电子政务方面，由于各个系统均采用不同的信息表示机制，造成企业内部的“信息孤岛”，无法建立统一的信息访问机制，从而充分利用各信息系统之间的关联信息进行分析、统计，造成企业内部资源被浪费，或者降低了信息处理工作的效率。

（3）在个人信息处理方面，传统的基于目录（Directory Oriented）的个人信息管理方式已经逐渐不能满足个人用户需求，每天人们不得不花费大量的时间从电子邮件、Word 文件及其他个人信息系统中寻找所需要的信息，并且需要花费大量的时间来对这些信息进行相应的格式变换处理以适应另一个业务系统的需求。

近年来，XML 信息表示技术和基于本体（Ontology）的知识表示技术取得了较大进展，为解决上述问题提供了相应的技术基础。如果利用 XML 优秀的信息表示能力表示某些领域的半结构化信息或者描述其关键信息点，并充分利用本体描述隐含于信息资源中的知识，实现各异构的信息资源在语义级的共享与处理将具有重要的意义，具体可以表现为：

（1）由于目前无法找到类似于关系代数的方式对半结构化数据进行形式化的描述，扩展现有数据与信息表示机制来支持对半结构化的数据处理是一种有益的探索。XML 作为一种文档结构描述语言，不具备语义表示的能力，采用基于本体的语义表示机制扩展 XML 表示的信息及其查询处理机制，以达到语义级别处理半结构化数据的能力。

（2）将极大地提高目前互联网资源的利用率，促进许多新的基于互联网的应用的发展。促进互联网逐渐向语义网和语义网格过渡。

（3）将为整个企业的信息资源提供统一的访问机制，实现企业信息资源的融合，实现基于语义的企业信息门户和知识共享平台。

（4）将改变目前个人信息的管理方式，消除应用程序和文档具体存放目录的差别，实现基于语义（Semantic Oriented）的个人信息管理方式，并可以进一步延伸到网格(Grid)或者 P2P 环境下的个人信息语义级别的管理。

采用基于 XML 的语言描述某些领域的半结构化信息是目前一种认可的方案。但需要指出的是 XML 毕竟只是一种定义文档结构的描述性语言，并且具有语法的多样性，它无法消除半结构化信息在语法和语义上的异构性。因此，如何充分利用本体来描述隐藏于非结构化信息之中的语义信息及知识，并通过这些语义信息来克服不同节点之间的语义的异构性是一个值得深入研究的问题。另外，分布式信息集成是信息共享的一种主要方式，目前日益受到重视的网格（Grid）技术是信息集成的一种重要实现机制。如何在一个信息集成环境下提供一个一致的全局语义环境是信息集成技术目前急需要解决的问题，也是一个研究的热门话题。

基于上述目的，本书主要探讨分布式环境下基于语义的 XML 信息集成中一些需要解决的问题。

本书假定在分布式环境下各信息源可以采用或转化成 XML 表示的前提下，介绍了如何利用本体解决信息集成中的语义异构的问题。特别讨论了在 XML 信息集成环境下的语义处理问题。主要内容如下：

（1）介绍了一个分布式环境下基于 XML 的信息集成原型系统 OBSA，该系统采用了本体信息集成机制，利用 F-Logic 作为本体描述语言和表示机制，定义了一个信息表示机制的三级模型，并在此基础上设计了一个从本体到 XML Schema 的转化算法，以此为 XML 的数据处理提供一个语义环境。该系统采用语义适配器结构集成各种异质的半结构化信息资源，并利用一种基于本体扩展的 XML 查询语言 FL-Plus 实现对 XML 文档在语义级别的访问。

（2）针对现有的基于一对一本体映射机制的不足，分析了基于语义相似度的复杂本体映射机制，包括直接本体映射、包含本体映射、组合本体映射和分解本体映射等，定义了语义映射的特性，包括传递性、对称性和强映射特性。并在此基础上实现了基于复杂本体映射的本体集成，通过该集成机制，挖掘隐含于复杂映射中的概念及关系上的语义相似性。论述和提出了基于 Mediator-Wrapper 模式的本体集成机制的实现及相应的步骤和算法，包括四种本体映射机制的本体融合（Ontology Fusion）和根据本体映射机制的特性而实施的规范熔合（Canonical Fusion）。最终在一个集成信息环境下构建了一个全局共享的基于本体的语义环境。

（3）探讨了基于本体扩展的 XML 代数查询机制，克服了 XML 查询语言在语义级别处理的缺陷，解决了在一个集成环境下进行半结构化信息查询时的语义不完全或语义缺失问题，提高了查询精度，消除了查询过程中的冗余信息。并在此基础上讨论了如何利用集成的本体语义信息对查询进行重写，设计了相应的重写算法，制定了更为合理的查询规划。

（4）针对目前在数据网格环境下对基于信息集成研究存在的问题，提出一种基于 Mediator-Wrapper 的语义数据网格体系结构。它通过 Mediator 提供一个虚拟的数据源来兼容 OGSA-DAI 的数据网格标准，并在此基础上设计了一个基于 SOAP 的语义信息访问与处理的通信机制，实现了在网格环境下基于语义信息的处理。

（5）针对目前个人资源管理存在的问题，探讨了语义桌面（Semantic Desktop）的机制，设计了一个语义桌面原型系统 OntoBook。并讨论了扩展到语义 P2P 环境的方法。

全书是在陈莘萌教授的指导下，由顾进广具体负责编写，其中，本书第五章主要内容在杨玲贤和张琳硕士论文基础上整理而成，第八章语义桌面部分参考了周毅的硕士论文。在引用国内外专家的研究成果和技术背景知识时，笔者尽量在参考文献中列出引用成果的作者及出处，如有遗漏之处还请读者见谅。陈和平教授的学生张琳、杨玲贤老师和周静参与了 OBSA 原型系统的设计工作。学生周毅、胡博和冯琳协助整理了大量参考资料，周毅负责设计了语义桌面的原型系统 OntoBook。陈和平教授审阅了全稿，并提出了许多具体的修改意见。

本书所进行的研究得到了中国博士后科研基金（20060400275）、江苏省博士后科研基金

（0601009B）、湖北省教育厅科学研究项目（Q200711004）、湖北省自然科学基金(2007ABA296)和软件工程国家重点实验室（武汉大学）开放基金（SKLSE05-03）的资助。本书的顺利出版也得到了武汉科技大学计算机科学与技术学院学科建设资金和武汉科技大学青年人才科研启动资金的资助。作者感谢武汉科技大学计算机科学与技术学院和武汉大学计算机学院领导的关心与支持，感谢武汉大学出版社计算机事业部黄金文副编审的支持与帮助，也感谢两位作者家人的支持。作者之一顾进广要特别感谢何炎祥教授、徐宝文教授、陈建勋教授、张晓龙教授、陈和平教授、许先斌教授、方康玲教授、黄传河教授的支持与帮助。

作　者

2007 年 8 月

第一章　引　言

1.1　概述

计算机产业的迅速发展使得以计算机存储设备为载体的电子信息愈来愈多，根据信息的格式可以将其划分为结构化信息和非结构化信息两大类。结构化信息能够用统一的结构加以表示，有着非常良好的数据结构，如关系数据库、面向对象数据库中的数据或符号等；非结构化信息往往由自然语言表示，一般没有统一的结构。非结构化信息所涵盖的内容十分广泛，以企业信息化领域为例，非结构化信息主要可分为：

- 营运内容：如合约、票据、工作流及交易记录等；
- 部门内容：如各类文档、电子表格、电子邮件及日程安排等；
- Web 内容：如 HTML 网页及 XML 格式的信息等；
- 多媒体内容：如音频文件、视频文件、图像文件等。

信息时代给人类带来了迅速膨胀的信息量，一直从事数据方面研究的加州大学伯克利分校的统计结果表明：全球每年产生的信息多达 20 亿千兆字节，人均约 250 兆字节，而结构化信息只占到其中的 10%，其余 90%都是非结构化信息，并且这种增长势头还在持续。非结构化信息无疑在人类生活中扮演着越来越重要的角色，往往一个备忘录、一封邮件等这些“死角”里都会隐藏着非常重要的信息资源，用户对非结构化信息处理的要求也随之从简单的存储逐步上升为识别、检索和深度加工。

纵观非结构化信息的应用现状，主要存在着下列几大问题：

（1）信息的大量膨胀。大多数企业所处理的信息量平均每 12~18 个月就会扩展一倍，这种几何级数的增长速度的确使得相关人员感到无所适从。

（2）大量信息孤岛的存在。随着计算机系统的普及，企业先后使用各种相互独立的网络系统、应用系统(邮件管理，人事管理，销售管理等)，在部分提高效率的同时，这些系统的相互独立性也为企业的整体管理设置了障碍，它们缺乏一个统一的界面，没有相互连接的信息渠道，数据通常都被封存在企业的不同数据库、主机、文件服务器上，只有少数有特许访问权的用户能看到这些数据。为了查找一个问题，一般会要在各个系统中不停地切换，才能找到自己想要的信息。孤岛的存在越来越给企业的整体信息化带来了屏障。

（3）缺少个性化的信息。董事会、企业领导、企业员工、客户、供应商、合作伙伴等，这些都是企业信息的提供者和需求者，而他们所切入的角度和关注重点是不一样的。这种“个性化”体现在各个方面，如内容(一般的知晓/情报)、频率(例外/定期/持续)、结构(同类文件/各种来源的文件)、安全(加密/公开)、存取(个人/团队/公司)、集成(内部/集成/外部)等。而现在的企业信息化系统往往是“千人一面”，只实现了“如果你肯找，最终反正能找到”的这样一种被动式、大众化的信息提供方式，而没有实现个性化的信息存取。

随着非结构化信息应用范围的日趋扩大，如何有效地对它们加以利用已经成为进一步提高信息化水平的主要障碍。传统的数据库虽然在处理结构化的数据、文字和数值信息方面拥有非常成熟的技术，在金融、电信等领域的数值计算和实时事务处理上也得到了广泛应用，但由于自身底层结构的缘故，它们在管理非结构化数据方面显得有些先天不足，特别是对这些海量非结构化数据进行查询时速度较慢。非结构化信息能够表达的内容丰富多样，针对不同类型的非结构化信息编写专门的应用程序虽然可以达到信息访问的目的，然而不同场合不同时间同一种信息所需的处理方式、侧重点及力度可能都不一样，这就导致了应用程序需求的多变性和复杂性，不仅开发成本高，而且对非结构化信息的处理效果也不理想。

非结构化信息的类型多样，通常无法抽象成单一的信息模型，并且还具有异构性、分布性、增长性和变化性等显著特征：

（1）异构数据源。表现在各系统采用不同的软硬件平台、不同的数据模型以及不同的数据库来表示和存储数据。

（2）分布自治性。各系统都独立设计、实现并自治运行，具有各自完整的功能，相互之间的关联很弱。具有相同语义内容的数据往往表现方式完全不同。

（3）变化频繁、增长速度快。在各系统尤其是像 Web 站点这样的系统中，数据一直处于变化之中，不仅数量增长快，而且数据类型、数据格式以及表现数据的方式也在不断变化。

诚然，我们无法找到一种统一的方式来处理完全非结构化的信息，但是可以采取某种方式（如数据挖掘和机器学习的方法、基于规则的方法等）构建这些非结构化信息之间的关键信息，并采用合适的方式进行描述或者标记，这就是半结构化的数据表示方法。1998 年初，W3C(万维网联盟)完成了 XML 的初步设计。1999 年，W3C 在原有基础上制定了一系列标准，完善了 XML。在最近几年，围绕 XML 为基础的信息表示及处理标准不断丰富。XML 开始显示了可以承担描述半结构化数据重任的特征。

以 XML 及相关技术为基础的半结构化信息表示技术正影响着信息技术领域和计算机技术领域发生着重大的变化，这些变化表现为以下方面：

（1）资源共享的方式发生着重大的变化。早期的网络环境下，人们只能通过 Telnet、Gopher 等方式共享文本的信息资源，而且由于网络的限制，共享的范围也仅限于科学研究者或有限的大学师生。随着世界上第一个支持 HTTP 协议的互联网浏览器（基于 HTML 语言的浏览器）的诞生，互联网获得了蓬勃发展，开创了资源共享的新时代，普通的计算机用户也可以通过个人计算机浏览丰富多彩的互联网资源。同时企业计算模式也从传统的 C / S（客户 / 服务器）模式逐渐转化向互联网模式过渡，开创了电子商务和电子政务的新时代。但是，目前的互联网仅仅是方便人与人之间的资源共享，计算机与计算机之间依然无法采用一种统一的标准进行资源的共享。未来的互联网将进入语义网[1,2,3]（Semantic Web，如图 1–1 所示）时代，计算机与计算机之间能够通过共同的信息交换标准 XML 相互理解对方所表示的资源，Semantic Web、Semantic P2P、Semantic Grid 以及 Knowledge Grid[3,4]是这一时代主要技术发展趋势，资源共享的级别也将从传统的半结构化信息升级到知识共享领域。

（2）分布式计算技术标准化。XML 技术不仅促进了半结构化信息资源的共享，也促进了计算资源共享的标准化。早期的分布式计算技术构建于请求—服务的模式基础上，虽然中间件技术（如 DTP 中间件、数据访问中间件如 ODBC、JDBC 等）简化了这种分布式计算的复杂度，但计算资源（如接口、数据通信方式等）并没有统一的标准。组件技术（如 COM+、CORBA 和 J2EE）发展了这一需求，它通过接口标准化和通信方式标准化为分布式计算提供了一个可以普遍遵循的标准，并通过引入标准的软件设计体系结构和设计模式（Design Patterns）简化系统构建过程，提高软件开发的效率。Web Service 和 Grid Service 技术更进一步地将这种标准化的趋势引入互联网环境下的分布式计算领域，它采用基于 XML 的语言描述计算机资源提供可提供的计算服务及接口标准（WSDL），计算需求方通过统一的服务中介机构获取相应的服务资源。服务的提供者与需求者之间的通信也构建于标准的基于 XML 的通信协议 SOAP 之上。

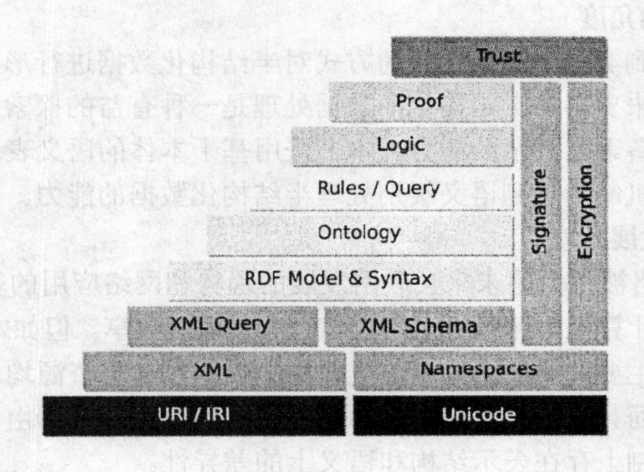

图 1-1　Semantic Web 的体系结构

尽管如此，由于半结构化信息在结构和语义上的异构性，要想达到在分布式环境下共享半结构化信息资源依然存在一定的困难。结构上的异构性表明在一个分布式的环境下，不同的节点可能会采用不同的结构表示其所包含的信息；语义上的异构性则表明不同的节点包含的信息所实际表示的含义可能存在的差异性。有关这个方面的研究，表现出以下的趋势：

（1）XML 具有数据模式的表示方法，它有着丰富的内容和关系、语法和语义的分离、内容和表现的分离等特性。因此采用基于 XML 的语言描述半结构化信息是目前普遍认可的方案。尽管它具有这些优势，但需要指出的是 XML 毕竟只是一种定义文档结构的描述性语言，并且具有语法的多样性。它无法消除半结构化信息在语法和语义上的异构性。

（2）利用本体来描述隐藏于非结构化信息之中的语义信息及知识，并通过这些语义信息来克服不同节点之间的语义的异构性是目前比较普遍的解决方案。本体(Ontology)[4,5]为特定领域内应用系统的设计提供共享的概念体系，能够减少或消除概念及术语上的混乱，使计算机对特定领域的知识处理更为精确、更为便捷。如果将本体与 XML 文档结构相关联，势必可以提高 XML 表达非结构化信息的语义丰富性和 XML 文档中各元素联系的准确性。

（3）分布式信息集成是信息共享的一种主要方式，目前日益受到重视的网格（Grid）技术使得信息集成实现机制标准化。如何在一个信息集成环境下提供一个一致的全局语义环境是信息集成技术目前急需要解决的问题，也是一个研究的热门话题。

（4）在分布式环境下，基于 XPath 的查询机制对半结构化信息进行处理是一个普遍接受的方案，特别是 XQuery 语言，它兼有结构化查询语言和过程化编程语言的特点，更成为半结构化信息查询事实上的工业标准。结合基于本体的语义信息提高查询和处理的准确度、优化查询过程、减少查询过程中的冗余，制定更为合理的查询规划方案也是目前半结构化信息处理研究的重点问题之一。

本书的主要目的就是充分利用各节点所隐含的语义信息或知识，消除不同节点的半结构化信息之间的语义差异性，在语义级别上共享、查询和处理不同节点上的半结构化信息。

1.2 研究意义

从以下几个角度讨论本书研究的意义：

1. 从技术发展的角度

由于目前无法找到类似于关系代数的方式对半结构化数据进行形式化的描述，扩展现有数据与信息表示机制来支持对半结构化的数据处理是一种有益的探索。XML 作为一种信息框架描述语言，不具备语义表示的能力。本书采用基于本体的语义表示机制扩展 XML 表示的信息及其查询处理机制，达到语义级别处理半结构化数据的能力。

2. 从互联网的发展角度

语义网、语义网格被认为是未来互联网发展的趋势和网络应用的基础平台，其核心基础是实现人与人之间、计算机与计算机之间的信息、知识的共享。但如本书所述，要想达到这一个目标还存在两个主要的问题：①目前互联网上大量的信息资源均以 HTML 或其他非结构化的形式来表示，而且在很长一段时间内这种状况不会改变。②由于网络环境的分布性，不同节点之间表示机制上存在表示结构和语义上的差异性。

充分利用基于本体的语义资源来描述各节点的语义信息，并以此为基础进行数据的查询及其他操作将是实现语义网或语义网格平台的基础。它将提高整个互联网资源的利用率，并从根本上改善现有互联网上一些应用的性能和质量，包括互联网资源的搜索、电子商务和电子政务等。

3. 从潜在应用前景的角度

（1）从企业信息集成的角度

如前所述，消除企业内部的“信息孤岛”，实现全面的企业信息化管理是企业信息集成目前的主要研究与应用方向。然而，由于企业内部信息系统形式多样，不同系统之间并没有统一的表示信息的标准（例如统一制定数据库的字段、结构，采用统一的语言描述企业的某一项业务等），不同系统之间同样存在语义和结构上的差别。另外，企业集成系统的另外一个特点是基于工作流和知识流基础上的工作协同。本书研究的目标将为企业内部或企业间信息集成提供一种通用的解决方案。它将体现以下显著的特征：

① 提供统一的基于语义的工作流或知识流平台，实现各节点间基于语义的协同。

② 在企业内部或企业之间构建统一的语义门户，采用同样的标准和操作方式对信息进行管理和操作。

③ 在语义级别实现企业信息系统之间的融合。

（2）从个人信息管理角度

本书所讨论的内容虽然基于分布式环境，但对于个人业务平台或者个人平台之间的协作同样具有参考价值。目前，随着个人计算机的处理能力不断增强，个人计算机的信息管理表现为：

① 基于文件目录的个人信息管理。按照文件的目录方式管理用户的文件（如 Word 文档、影音文件、电子邮件等）。

② 不同应用程序所描述的信息，即使在语义上表现的内容是相同的，也不得不按照不

同的方式来进行管理，例如用 Microsoft Word 编写的一篇论文和用 Wordperfect 编写的同样内容的论文，在语义上应该是相同的，但按目前的个人计算机的管理方式来说，二者没有任何相同之处。

本书所讨论的内容可以帮助个人计算机用户按照语义来管理个人计算机或者网络，构建个人计算机或者局域网络的语义门户。如果更进一步，可以协助用户在一个 P2P 环境下实现基于语义的信息共享。实现这一目标也是我们今后的工作。

1.3 本书的主要研究内容

本书主要探讨了在分布式环境下基于语义的 XML 信息集成技术。重点探讨三个方面的问题：

（1）分布式环境下基于语义的半结构化信息互操作机制，重点探讨基于本体的集成模式下的半结构化信息的互操作机制。对于半结构化互操作机制，主要考虑了设计分布式环境下针对半结构化数据处理的全局视图和局部视图的形式，定义基于本体的语义映射机制。对于集成机制，主要考虑了 Meidator-Wrapper 模型下基于语义相似度的复杂映射与集成机制。

（2）基于语义的半结构化信息查询机制，重点探讨如何利用语义信息扩展 XML 代数进行半结构化信息的查询，以及在一个集成环境下如何利用语义信息重写（Rewrite）查询请求，制定分布式环境下各节点的查询规划。

（3）在主流应用环境下的实现问题。

针对上述三个研究问题，重点研究了两种环境下的实现机制：

① 在一个分布式的基于 Mediator-Wrapper 模式的信息集成机制环境下的实现机制，包括基于语义的半结构化信息的表示以及扩展 XML 查询语言以支持基于语义的查询处理等。

② 数据网格是大规模基于数据处理系统的一个发展趋势，目前对于数据网格的研究主要在高效的存储、复制、安全等方面，基于语义的数据网格的处理目前研究的相对较少，本书探讨了在数据网格环境下如何查询和处理基于语义的半结构化信息的问题。

另外，如何利用信息集成机制来管理个人信息资源将是未来的一个研究热门课题，这里所描述的个人信息资源将不仅局限于本地个人计算机所存储和处理的信息资源，也包括互联网上某个人感兴趣的信息资源。本书在这个方面也作了一些探讨，重点探讨了语义桌面及其原型系统。

1.4 本书的组织形式

本书的第二章和第三章主要介绍了后续章节所需要的基础知识。其中第二章主要介绍了 XML 信息处理的基本机制，包括 XML 查询语言和 XML 查询代数，讨论了在分布式环境下 XML 的处理机制及目前所遇到的主要问题。第三章重点对本体进行了综述性讨论，并重点介绍了基于 F-Logic 的本体表示机制、RDF/RDFs 语言及 OWL 语言等。这两章所介绍的基本概念和相关的定义是后续章节的基础。第四章则介绍了信息集成的基本机制和模型。

第五章至第八章则重点讨论了三种环境下基于 XML 的信息集成机制。其中第五章重点讨论了基于本体的半结构化信息集成机制及基于本体的查询机制，其内容主要源于 OBSA 原型系统，主要讨论了 OBSA 集成环境中基于语义的半结构化信息表示和查询机制的具体实现。第六章在第五章的基础上重点探讨了 Mediator-Wrapper 环境下基于语义相似度的信息集成机制。第七章探讨了如何在开放的数据网格平台环境实现对基于语义的数据处理。第八章则讨论了语义桌面及其原型系统，并探讨了扩展至语义 P2P 环境下基于语义的 XML 信息集成机制。

由于本书是围绕基于语义的 XML 信息处理的多个研究子项目的总结，因此每一章所讨论的命题具有一定的独立性，为保证每章的这种独立性，本书在每一章的开始给出了本章所涉及内容的综述，介绍目前需要解决的问题，然后介绍本书的解决方案。

1.5 本章小结

本章首先介绍了本书研究背景，指出基于半结构化的数据处理已经成为社会经济生活中一个非常重要的组成部分，但由于语义和结构上的异构性，使得半结构化数据在互联网应用领域、企业应用领域及个人信息管理领域等并没有发挥出应有的作用，同时本章介绍了本书研究的主要内容及其意义、全文的组织结构等。

第二章 XML 基础

2.1 基于 XML 的信息处理机制概述

HTML 简单但不能满足应用，SGML 过于复杂不太实用，1996 年 11 月，在波士顿的 SGML 年会上推出了一种新的数据描述语言——XML。XML 符合 SGML 标准，保持了 SGML 的扩展性、结构化以及可验证等方面的性能，重新定义了 SGML 的某些内部数值及参数，在语言的易懂性、易用性及对 WWW 的适应性方面做了较大改进。XML 文件可以像 SGML 文件一样被解析和校验。

最基本的 XML 包括三个相互联系的标准：

(1) 可扩展的标识语言 XML(Extensible Markup Language)。

(2) 可扩展的样式语言 XSL(Extensible Style Language)。

(3) 可扩展的链接语言 XLL(Extensible Linking Language)。

这三个标准使得 XML 语言在数据标识、显示风格及超文本链接上都比 HTML 更为优越。使用 XML 语言，可根据需要自行定义新的标识及属性名。XML 引入了结构的概念，使得对数据的标识和查询更为方便。XML 可以将多个应用程序所生成的数据纳入同一个 XML 文件。一旦 XML 文件被传送到客户机上，经过解析即可被客户机所理解，而不像 HTML 文件那样，只能由浏览器对数据进行显示。由于 XML 描述的是数据本身，而不是像 HTML 那样描述的是数据的显示，因此它能成为一种有效的信息交换和共享的媒介，也使得计算机在不需要人工干预的情况下进行通信成为可能。

XML 与 HTML 的区别主要体现在以下三个方面：

(1) 信息提供者能够根据需要自行定义新的标识及属性名。

(2) 文件结构的嵌套可以复杂到任意程度。

(3) XML 文件可以包括一个语法描述，使得应用程序能够对文件进行结构的验证。

XML 包含一组基本规则，任何人都可以利用这些规则创建针对特定应用领域的标记语言，这些标记不是描述信息的显示方式，而是描述信息本身。XML 标准的制定大大促进了 Internet 的应用。自从被提出以来，XML 几乎得到了业界所有工业巨头公司的支持。虽然 XML 仅仅是一种信息表示语言的标准，但它却是下一代网络应用的基础。

XML 文档由标记和内容组成，其中共有六种标记[6]：元素、属性、实体引用、注释、处理指令和 CDATA 段。XML 文档必须遵守一定的规范。

首先，XML 文档应该是格式良好(well-formed)的，一个格式良好的 XML 文件需要满足的主要基本规则包括：

① 起始标记和结束标记必须匹配；

② 标记之间不能交叉；

③ 标记对大小写敏感；

④ 所有属性值必须加引号；

⑤ 每个 XML 文档必须有惟一的根元素。

其次，一个格式良好的 XML 文档还要是有效的(valid)，以便用于信息交换。XML 通过模式规范(Schema-level specifications)来实现满足数据格式上定义的要求，如文档中包括哪些元素、元素的属性以及元素和属性之间的关系等。目前最常用的 XML 模式规范是由 W3C 推荐的 XML DTD (Document Type Definition，文档类型定义)和 XML Schema (XML 模式)。在使用 XML 时，通常可以用已有的 DTD，如 MathML(在数学领域中使用的标记语言)、CML(在化学领域中使用的标记语言)，或是自行设计 DTD，以外接或内嵌方式将 DTD 与 XML 文档连接起来。由于 DTD 沿用 SGML 的 Schema 机制，有自己特殊的 EBNF 语法，需要专用的解析器，且存在提供数据类型有限及不支持名称空间等缺陷。目前 W3C 推出的 XML Schema 标准，在不久的将来可能会逐渐取代 DTD，并提供更多的功能。XML Schema 标准是一种描述信息结构的模型，作为 XML 的模式语言，用来定义 XML 文档的文本结构和数据类型等 XML 文件描述规则，而且规范了文档中的标记和文本可能的组合形式。它不仅包括了 DTD 能实现的所有功能，而且它本身就是规范的 XML 文档。最重要的是，它能弥补 DTD 的不足，提供一系列新特色。

目前，XML 已经深入到信息表示、信息交换和分布式计算的各个方面，图 2-1 描述了与 XML 相关的标准及其制定者，由于相关的国际组织和国际大公司（如 IBM、Microsoft、HP、BEA 等公司）的推动，部分标准已经成为事实上的工业标准。

Web Services and Grid Computing SOAP(W3C),WSDL(W3C),UDDI(OASIS),WS interop(WS-I),Grid(GGF)		
SQL/XML (ANSI & ISO)	XML Transformation(W3C) Xpath , XSL , XSL-T , Xquery	XML APIs DOM(W3C),SAX
XML Vocabularies(OASIS,etc)		
Basic XML Constructs(W3C) Canonical XML, XML Fragments, XInclude, Xlink, Xpoint, XPath		
XML Schema and XML Namespaces		
XML and DTDs		
Unicode (Unitcode consortium), URL, Http, WebDav(IETF)		

图 2-1 XML 相关的标准

2.2 XML 的信息查询语言

2.2.1 XML 查询语言概述

常用的对于 XML 的处理是通过 XML API 来实现的。XML 的语法分析程序读取文档并检查其中包含的 XML 结构是否完整。如果文档通过了测试，则处理程序就将文档转换为元素的树状结构。目前已有各种语言的多种解析器提供，如 IBM 公司的 XML 4J 和 Sun 公司的 Project X 等。根据对 XML 文档的处理方式不同，可分为基于 DOM (Document Object

Model，文档对象模型)的解析器和基于 SAX (Simple API For XML，XML 简单应用程序接口)的解析器。在需要详细了解文档的结构、移动文档的组成部分及不止一次地使用文档中信息等情况下一般使用 DOM，DOM 将一个 XML 文档解析成一棵节点树，每一个节点代表一个可以和它交互的对象，这一机制也称为“随机访问”协议，因为可以在任何时间访问数据的任一部分，然后修改、删除或插入新数据。与 DOM 兼容的解析器读入 XML 文档，在内存中构造一个对象树，并且使用 DOM 把所有数据元素作为对象进行进一步的处理，或者把数据移交给另外的应用软件或对象进行相关的处理；在需要从一个 XML 文档中抽取一些元素、没有很多可用的内存或者文档中信息等情况下，应该使用 SAX 标准。这一 API 是事件驱动的，又称“顺序访问”协议，当它在 XML 文档中发现特殊符号时，就会触发相关的事件，应用程序开发人员可以在相应的事件中写入特定的处理代码。由于 SAX 解析器是按顺序处理信息的，因而不能随机定位到文档的特定部分，也不能实现复杂的搜索。

XML 查询语言是目前的一个研究热点，现在已有很多原型语言，如 XML_QL[7]、XQL[8]、XML_GL[9]、Quilt[10] 和 XIRQL[11]等。这些查询语言各有优缺点：XML_QL 和 XML 的集成性比较好；XQL 的功能比较强；而 XML_GL 在图形化界面方面做得比较好；Quilt 综合很多语言的优点，它的路径表达式参考了 Xpath，变量绑定借鉴了 XML_QL，FLWR 表达式则类似于 SQL，而且还支持用户自定义函数。Quilt 不仅可以查询 XML 数据，也可以方便地查询关系数据，因此它的表达能力是很强的。正因如此，W3C 推荐的查询语言 XQuery 在很大的程度上是改进的 Quilt。XQuery 主要是在 Quilt 的基础上增加了与 XML 模式、XML 查询代数的结合。最近推出的 XML 查询工作草案，对 XML 查询语言的各方面都做了详尽的规定。

2.2.2 XPath、XQuery 语言介绍

1. XPath

一直以来，基于数据源的应用多使用 SQL 来检索结构化数据源（如关系数据库）中的数据。但对于非结构化和半结构化的数据源（如 XML 数据），SQL 则显得力不从心。对 XML 文档检索就是从具有特定树形结构关系的多个元素中提取所需的信息，而 W3C 推荐标准语言 XPath 是具有寻址、搜索和匹配文档各个部分功能的 XML 文档操作语言。它设计的初衷是用于 XSLT Script 和 Xpointer 的导航，由于其卓越的表现，很多 XML 工具包已提供对它的支持。

Xpath 是基于 XML 文档树形模型，使用路径标记法给出从某个节点开始的查询路径，搜索和匹配文档的各个部分，该标记法与文件系统和 URL 中使用的类似。例如，XPath:/x/y/z 搜索文档的根节点 x，其下存在节点 y，y 节点下又存在节点 z。该语句返回与指定路径结构匹配的所有节点。更为复杂的匹配可能同时包含了文档的结构方面和节点及其属性值的信息。语句 /x/y/* 返回父节点为 x 的 y 节点下的任何节点。/x/y[@name='a'] 匹配所有父节点为 x 的 y 节点，具有属性，其属性称为 name，属性值为 a。下面以一个简单例子来介绍其语法，如对于下面的 Person.xml 文档：

```
<person @id='a'>
    <name>Amy</name>
    <birth>
        <year>1978</>
        <month>5</month>
    </birth>
</person>
```

表达式/person 表示查询根元素 person；而/person[@id=1]/name 表示查询具有属性 id 且 id=1 的 person 对象的子节点 name 的信息；//*则会返回整个文档信息。

XPath 具有很强的表达能力，很多情况下一个 XPath 表达式就可以代表一个查询。如一个 XPath：document("Person.xml")/person/birth[month =5]，它其实同样包含了 SQL 查询中的三个重要部分：

① 域段选择：person.birth；

② 查询表：Person.xml；

③ 查询条件：birth 的属性 month=5。

XPath 给出了在一个 XML 文档中功能更为强大的导航用的链接。它可以使用轴的概念先在文档中定位一个初始区域，而后使用类似 DOM 提供的遍历 XML 文档树的函数（如 parent，child，descendant，following-sibling，preceding-sibling，attribute 等）在一个 XML 文档中获得想得到的文档的一个元素、属性或者属性内容。它同时提供了许多数值和基于字符串操作的函数，能够方便我们得到文本内容中的一些特殊字符。

XPath 致力于用一种紧凑的、非 XML 语法来分解 XML 文档，简单易学，但作为数据查询语言还有不少缺陷：不能分组、排序、连接等。由于其属于轻量级的查询语言，可以把它嵌入到另一种主语言中如 XQuery。

2. XQuery

XQuery 的目标是从任何数据源（无论它是一个数据库或者文档）中检索和解释 XML 数据。它符合基于 XML 查询语法和语法易读这两个要求。与 SQL 相比，XQuery 有一个显著的不同之处：它是一种过程语言——而 SQL 是一种说明语言。

作为一种类编程语言，XQuery 支持循环等逻辑，支持分组、排序、连接等。相对于传统数据库的标准 SQL 语句，XQuery 在对 XML 数据的查询方面，是一种功能更强大、更易于编程的方法；在用户交互方面，XQuery 具有类似于 SQL 的外观和能力，这是来自关系数据库世界的用户所欢迎和熟悉的。

XQuery 要求的形如图 2-2 所示的 XML 数据模型（XML Query Data Model），它与对象关系数据库的对象关系模型有很好的对应：其中元素节点对应于对象类型或表，属性节点对应于表或类型的域段，而文本节点对应的是以文本方式存储的无结构的数据段（可能是一个 XML 文件）。

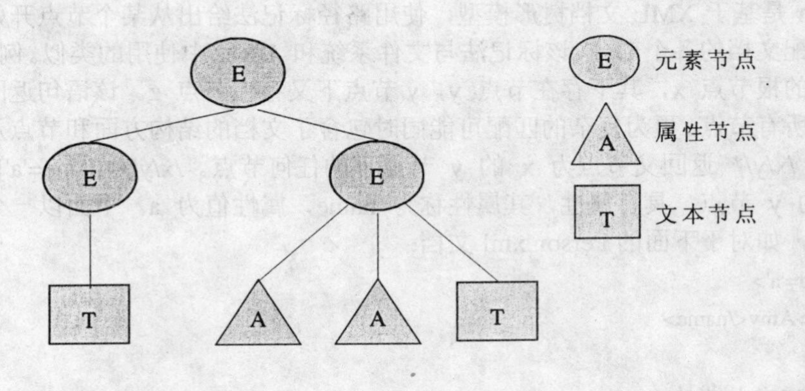

图 2-2　XML 数据模型

XQuery 是一种基于表达式的查询语言，提供了七种表达式，但 FLWR （ FOR，LET，

WHERE，RETURN ）表达式是其基础。图 2-3 描述了它的数据流，可以看出其结构很像 SQL 的 SELECT 语句，因而可以很自然地建立它们的对应关系。其 FOR 部分相当于 SQL 中的 From 部分，WHERE 部分相当于 SQL 中的 Where 部分，RETURN 部分是一个可不带标签的元素构造表达式，相当于 SQL 中 SELECT 后面的结果组织部分。虽然 SQL 中没有与 LET 的直接对应，但“LET $a =XPath 表达式”相当于将 XPath 表达式对应节点与变量 a 绑定，在 SELECT 语句中直接使用 XPath 表达式对应的节点即可。下面是 XQuery 中的一个查询到 SQL 语句的对应：

```
FOR $b IN document("bib.xml")//book
WHERE $b/publisher = "Morgan Kaufmann" AND $b/year = "2001"
RETURN $b/title
→
select b.title from bib.book as b where b.publisher='Morgan Kaufmann' and b.year='2001'
```

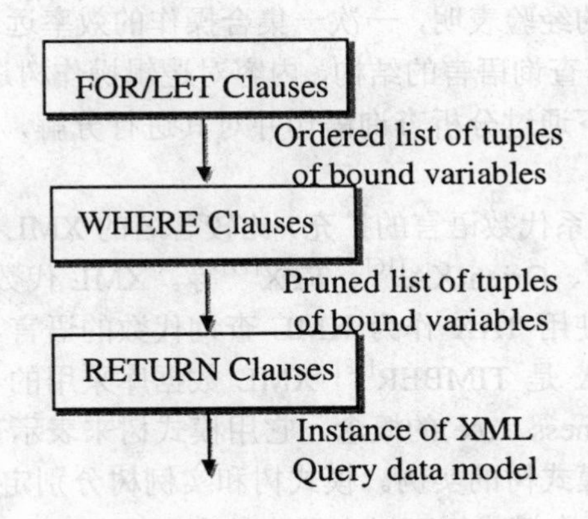

图 2-3　XQuery 数据流

像“UNION”，“INTERSECT”和“EXCEPT” 在 SQL 中就有直接的对应。但是“BEFORE” ，“AFTER”不好对应，属于半结构查询中需要处理的部分。

通过对 XPath 和 XQuery 的技术分析，可以得知这两种技术提供了 XML 查询策略且各具特色：XPath 使用简单，但在数据查询语言还有不少缺陷；XQuery 表达式能力很强，虽然使用复杂，但因其与 SQL 语言有很好的对应，所以只需重点处理半结构化查询部分。在实际应用时，可以按照系统的需求进行选择，以得到解决问题的最佳途径。

2.3 XML 查询代数

2.3.1　XML 查询代数概述

目前的 XML 查询语言对于 XML 数据的处理主要基于两类方式：一类方式是基于核心语法的处理，另一类是基于 XML 代数的处理。

1. 基于核心语法的处理

基于核心语法（core syntax）的处理也称为基于节点（node-oriented）的处理，它的特点是每次仅仅处理一个 XML 文档的节点，它依然采用了过程化编程语言的特点，将查询语言（如 XQuery）当做一门编程语言来处理，先将其转换成核心语法，然后以 XML 树的根节点作为输入，依次执行该核心语法树，最后得到结果。这种处理方式的优点是它充分利用许多语言如 XQuery 中的程序化特点，能正确处理语句的嵌套（nest）、FLWR 结构、IF-THEN-ELSE 结构、FOR 循环结构等，不足之处就是很难优化。如前所述，这种处理方式比较依赖于 XML 文档的结构和内容，在分布式环境无法对其进行分解，制定分布并行执行规划。许多比较流行的 XQuery 查询引擎如 Galax、IPSI 等都是采用这种方法来处理数据查询请求的。

2. 基于 XML 代数的处理

这种处理方式的主要特点是扩展了传统的关系代数体系，其输入是一个或多个 XML 树集合，输出不是一个节点，也是一个 XML 树集合。这种处理的方式的优点表现在三个方面：首先，传统的关系数据库的经验表明，一次一集合操作的效率远远高于一个一节点的操作效率；其次，设计者可以根据查询语言的结构、内容对逻辑操作树进行优化，提高其执行效率；再次，可以在分布式环境下通过分析查询语句并对其进行分解，制定分布并行执行规划，达到分布并行计算的目的。

XML 代数语言是对关系代数语言的扩充，比较著名的 XML 关系代数语言包括 SAL[12]、XAL[13]、TAX[14]、Xtasy[15]、OrientXA[16]、TTX[17]等。XML 代数处理的对象是记录的集合，由于本书后面章节的内容使用 TAX 作为 XML 查询代数的语言，因此本节中我们重点介绍这种 XML 查询代数。TAX 是 TIMBER[18] XML 数据库采用的 XML 代数，它引入模式树(Pattern Tree)和实例树(Witness Tree)的概念，它用模式树来表示查询的模式和相关的谓词限定，用实例树来表示满足模式树的实例。模式树和实例树分别定义如下：

定义 2-1 模式树 一个模式树可以表示为一个二元组 $P=(T, F)$，其中 T 为一个带有节点和边标签的树，且 $T=(V, E)$，满足以下条件：

① V 中每一个节点都有一个惟一的整型值作为其标签。

② 每条边采用 *pc* 或 *ad* 作为标签，分别表示父子关系或祖先与后代的关系。

③ F 表示一个公式，它是由一系列用于限定各节点值或属性值的谓词表达式组合而成。

也就是说，模式树通过两种方式来表达对满足查询条件实例树的约束，一个是树结构，主要通过节点及节点间 *pc* 或 *ad* 关系来进行限定，另一个是公式 F，要求节点能够满足公式规定的条件。将上述概念通过形式化的方式来表示，就是实例树的定义。

定义 2-2 实例树 用 C 来表示 XML 森林，用 P 来表示模式树，则满足查询条件的实例树可以表示为一个映射 $h: P \to C$，用 $h^C(p)$表示满足条件的实例树，并满足下面的要求：

① h 保留了 T 的结构，也就是说对于一条边(u,v)表示为 *pc* 关系，则在 XML 森林 C 中 $h(v)$就是 $h(u)$的一个儿子；同样地，如果(u,v)表示 *ad* 关系，则 $h(v)$是 $h(u)$的一个后代。

② 映射 h 满足公式 F 的约束。

③ 实例树不改原始 XML 数据中 C 的顺序关系。

与图 2-4 对应的实例树可用图 2-5 来表示。

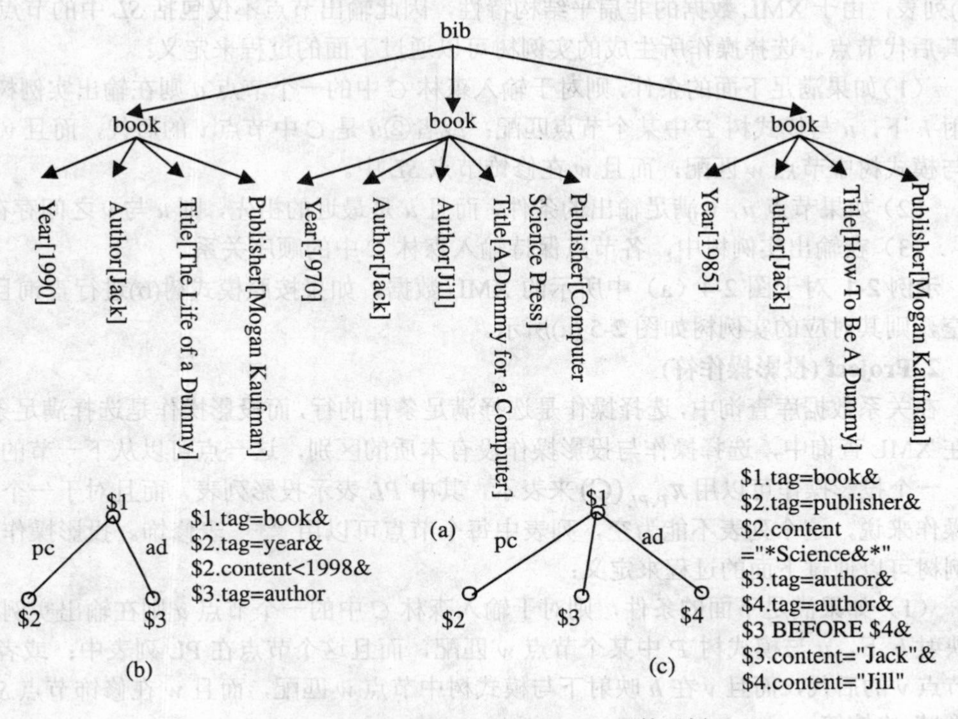

图 2-4 一个 XML 及 TAX Pattern Tree 的示例

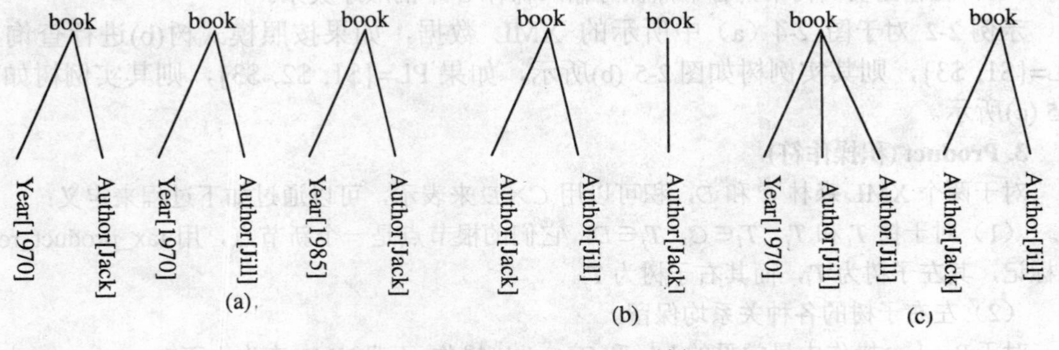

图 2-5 Witness Tree 示例

2.3.2 XML 查询代数操作符

XML 代数跟关系代数一样，都需要表达 select, project, product, rename, join 等操作。我们把这类操作符叫做类关系代数操作符。但由于 XML 语言本身和 XML 查询语言的特点，需要有额外的操作符来处理 XML 查询，除基本的类关系代数操作符外，不同的 XML 查询代数定义的操作符有所不同，本节我们重点介绍 TAX 中的主要操作符，下节在介绍面向 XQuery 的查询代数时，介绍其相应的操作符。

1. Select (选择操作符)

选择操作符可以用$\sigma_{P,SL}(c)$来表示，其中 P 表示模式树，则 SL 表示修饰节点(adornment list)列表，由于 XML 数据的非扁平结构特性，因此输出节点不仅包括 SL 中的节点，也应包括其后代节点。选择操作所生成的实例树可以通过下面的过程来定义：

（1）如果满足下面的条件，则对于输入森林 C 中的一个节点 u 则在输出实例树中:① 在映射 h 下，u 与模式树 P 中某个节点匹配；或者②u 是 C 中节点 v 的后代，而且 v 在 h 映射下与模式树中节点 w 匹配，而且 w 在修饰节点 SL 中。

（2）如果节点 u，v 满足输出的条件，而且 u 是最近的祖先，则 u 与 v 之间存在一条边。

（3）在输出实例树中，各节点保持输入森林 C 中的顺序关系。

示例 2-1 对于图 2-4（a）中所示的 XML 数据，如果按照模式树(b)进行查询且 SL 列表为空，则其对应的实例树如图 2-5 (a)所示。

2. Project (投影操作符)

在关系数据库查询中，选择操作是选择满足条件的行，而投影操作是选择满足条件的列；而在 XML 查询中，选择操作与投影操作没有本质的区别，这一点可以从下一节的介绍看出来。一个投影操作可以用$\pi_{P,PL}(C)$来表示，其中 PL 表示投影列表，而且对于一个有效的投影操作来说，这个列表不能为空，列表中每个节点可以用“*”表修饰。投影操作所生成的实例树可以通过下面的过程来定义：

（1）如果满足下面的条件，则对于输入森林 C 中的一个节点 u 则在输出实例树中：①在映射 h 下，u 与模式树 P 中某个节点 w 匹配，而且这个节点在 PL 列表中；或者②u 是 C 中节点 v 的后代，而且 v 在 h 映射下与模式树中节点 w 匹配，而且 w 在修饰节点 SL 中并且有“*”修饰符。

（2）如果节点 u，v 满足输出的条件，而且 u 是最近的祖先，则 u 与 v 之间存在一条边。

（3）在输出实例树中，各节点保持输入森林 C 中的顺序关系。

示例 2-2 对于图 2-4（a）中所示的 XML 数据，如果按照模式树(b)进行查询且 PL={$1, $3}，则其实例树如图 2-5 (b)所示，如果 PL={$1, $2, $3}，则其实例树如图 2-5 (c)所示。

3. Product (积操作符)

对于两个 XML 森林 C 和 D，积可以用 $C\times D$ 来表示，可以通过如下过程来定义：

（1）对于树 T_i 和 T_j，$T_i\in C$，$T_j\in D$，它们的根节点是一个新节点，用 tax_product_root 来标记，其左子树为 T_i，而其右子树为 T_j。

（2）左右子树的各种关系均保留。

对于 Product 操作中最常见的 Join 和 Outerjoin 操作，而且 XML 查询中不存 *Right outerjoin* 操作，所以我们只考虑 Left Outerjoin 这种情况。设 C_1 和 C_2 为 XML 数据森林，$P_i=(T_i, F_i)$, i=1,2 为两个模式树，o^i 为选择或者投影操作，则 Join 操作可以表示为：

$$o^1_{P_1,L_1}(c_1)\bowtie_{newTag;\$i.attr1=\$j.attr2}o^2_{P_2,L_2}(c_2)$$

其中$\$_i$和$\$_j$表明为 T_i 与 T_j 中的节点，如果 o^i 为选择操作，则 L^i 为 SL，否则为 PL。而 Left Outerjoin 则可以表示为

$$o^1_{P_1,L_1}(c_1)\mathrm{L}\bowtie_{newTag;\$i.attr1=\$j.attr2}o^2_{P_2,L_2}(c_2)$$

2.3.3　XQuery 查询代数的特点

孟小峰等人探讨了面向 XQuery 查询语言的查询代数的问题。XQuery 兼有结构化查询语言和过程化编程语言的特点。一方面，XQuery 的 FLWR 子句一定程度上类似于 SQL 的 Select-From-Where 子句，是 XQuery 的最重要的表达式；另一方面，XQuery 支持表达式的任意嵌套，支持诸如条件表达式(IF-THEN-ELSE)，循环表达式（FOR）和返回值(RETURN)等，还有变量和谓词的作用域问题，这些都是一门编程语言的重要特征。他们在 TAX 基础上设计了一种新的查询代数语言 OrientXA[16]，针对 XQuery 进行相应的优化处理，它定了新的构造操作符和序列化算子。在 Xtasy 和 TTX 中，记录是一种叫做 Env 的结构。它们首先使用类似于 Pattern Tree 的 input filter 对输入文档进行过滤，过滤的结果就是 Env 集合。一个 Input Filter 的定义是 *F*:=(*op*;*var*;*binder*)label[*F*]，其含义是：从当前上下文节点找到满足 *op* 关系（/，//或@）的节点名为 label 的节点，并用 binder 方式（in 绑定或者=绑定）到变量 *var*，然后以当前变量绑定为上下文节点，处理嵌套的 *F*。TTX 的处理与 Xtasy 很类似，只不过 TTX 将 input filter 变成了树状表示，把 Env 结构也变成了树状结构。

在 OrientXA 中，针对 XQuery 语言的特点，重点考虑了以下问题：

1. 序列化操作的问题

XQuery 是可以任意嵌套的查询语言。这给代数式处理带来了额外的困难。XQuery 更像一个第三代编程语言的代码，而不像 SQL 那样的结构化查询语言。有时候，由于表达式的任意嵌套，一些操作符必须序列化执行。因此，有必要在现在操作符基础上引用序列化操作符，它实际上引入了一次一节点的处理思想。现有的 XML 代数和传统的关系代数都没有这样的操作符，因此不能很好地处理任意嵌套化的 XML 查询。OrientXA 引入了序列化操作符，很好地结合了一次一集合和一次一节点的处理策略。

2. 节点绑定和序列绑定

在 XQuery 中,一个变量可以绑定到一个节点，如 FOR 绑定；也可以绑定到一个节点序列(sequence)，如 LET 绑定、隐式绑定等。我们把前者叫做节点绑定，后者叫做序列绑定。在 XQuery 中，只有 FOR 绑定是节点绑定。节点绑定和序列绑定对结果的构造是有影响的。例如，下列两个相似的查询：

示例 2-3

查询 1：

```
<books>
    FOR $b in document("bib.xml")//book
    LET $a:=$b/author
    WHERE $b/year<2001
    RETURN
          <authors>
                <aNum>{count($a)}</aNum>
                { $a }
          </authors>
</books>
```

查询 1 结果：

```
<books>
    <authors>
        <aNum>2</aNum>
        <author>Smith</author>
    <author>Tom</author>
    </authors>
</books>
```

查询 2:

```
<books>
    FOR $b in document("bib.xml")//book
        $a:=$b/author
    WHERE $b/year<2001
    RETURN
        <authors>
        <acouont>{count($a)}</acouont>
        { $a }
        </authors>
</books>
```

查询 2 结果:

```
<books>
    <authors>
        <aNum>1</aNum>
        <author>Smith</author>
    </authors>
    <authors>
        <aNum>1</aNum>
        <author>Smith</author>
    </authors>
</books>
```

查询 1 对 author 的绑定是序列绑定，而查询 2 对 author 的绑定是节点绑定，它们的结果就很不一样。在 Xtasy 和 TTX 中，用“in”绑定来表示节点绑定，用“=”来表示序列绑定。TAX 中没有显式地标明。在 TAX 中，如果一个 pattern tree 被用在选择操作符上，则是应用节点绑定；如果用在投影操作符上，则是应用序列绑定。但是，如果一个 pattern tree 上同时有节点绑定和序列绑定，就不好处理了。

3. 强绑定和弱绑定

不是所有的变量绑定都要求一定绑定到节点，有些绑定可以绑定到空节点(或空节点集)。将前者叫做强绑定，后者叫做弱绑定。pattern tree 是相关变量绑定的树状表示，一个实例树应该满足 pattern tree 的所有的强绑定，而不要求必须满足弱绑定。在 OrientXA 中，对 pattern tree 的变量绑定，都标明了是强绑定还是弱绑定。除了 FOR 语句的绑定是强绑定之外，其他语句中的绑定(如 LET 语句、WHERE 语句和 RETURN 语句等)都是弱绑定。

比如对于以下的查询：

示例 2-4

查询 3：

```
FOR $b in (document(bib.xml)//bib/book
      LET $a := $b/author
WHERE not ($b/year<1998)
RETURN
      <authorss isbn="{$b/@isbn}">
      {$a}
      </authors>
```

FOR 子句把 book 显式地绑定到$b，同时还包含了对 bib 的隐式绑定；LET 子句把 author 显式地绑定到$a，而 WHERE 子句中$b/year 对 year 的绑定和 return 子句中$b/@isbn 对 isbn 的绑定则是隐式绑定。

在这些绑定中，$b 是强绑定。需要注意的是，如果 pattern tree 上的一个节点是强绑定，那么对 pattern tree 上它的祖先节点也是强绑定。所以，对 bib 的隐式绑定是强绑定，而其他隐式绑定都是弱绑定。如果一个 book 节点没有 author、year 等子节点或 isbn 属性，该 book 节点仍应该被视为符合该 pattern tree 的实例树。

4. 选择操作和投影操作的问题

在 SQL 中，选择操作和投影操作的区别是很明显的。选择操作选择表中的某些行，投影操作选择表中的某些列。在 XML 查询处理中，记录不是扁平的，而是嵌套的树结构。那么，在 XML 查询处理中，选择操作和投影操作的区别是什么呢？Xtasy 和 TTX 的回答是：不要投影操作。path 操作用来抽取感兴趣的节点，然后用选择操作在上面作谓词判断。在 TAX 中，选择操作和投影操作被用来区别节点绑定和序列绑定。OrientXA 综合了 Xtasy 的思想：不引入投影操作符，也不引入专门的 Extract 操作符，而是直接用选择操作符来完成这个功能。

5. Extraction 操作和 Construction 操作问题

如前所述，由于 XML 的非扁平结构，XML 查询只是对 XML 文档上的某些特定节点有兴趣（谓词节点和目标节点），而这些节点往往只是整个文档的一小部分。所以，必须先把感兴趣的节点从输入文档中抽取出来，才能做下一步的处理。TAX 把数据抽取操作合并在选择操作或者投影操作中，选择或者投影操作符的输入是 pattern tree 和谓词列表 PL。在 Xtasy 和 TTX 中，使用 path 操作符来进行数据抽取，path 操作符的输入就是 input filter。实际上，pattern tree 或者 input filter 可以视为 XPath 的树状表示。所以，Extraction 操作实际上是 XPath 处理，而 XPath 是 XQuery 的核心部分。所以，Extraction 操作是 XML 代数中最影响查询效率的操作符之一。目前，处理 Extraction 操作的方法主要有两种：

（1）Navigation：对文档树进行遍历，找到满足 pattern tree 的实例树，这种方法比较适合绝对路径的处理。

（2）Structure join：利用对 XML 数据的编码和 Tag Index，快速地找到满足祖先后代关系的节点。这种方法比较适合相对路径（//）的处理。

另一个需要考虑的是 Construction 操作符。在 SQL 中，除了重命名，并没有结果构造的需求。但是，在 XML 查询处理中，往往要求查询结果以一定格式输出。所以，XML 代数中还需要结果构造符来满足这个需要。在Xtasy和TTX中，结果构造符是return操作符。return操作符的输入是Env结构和一个output filter，output filter就是想要输出的结果的框架。output filter的定义是：

$OF ::= OF_1,\ldots,OF_n$

| label[OF]

| @label[val]

| val

val ::= vB|var | vvar

label[OF]表示元素构造，元素节点名是label，内容由[OF]指定；@label[val]是属性构造符，属性名是label，值是val。 val可以是自定义的原子值*vb*，或者拷贝（vvar）或者引用（*var*）。*vvar*是对节点的拷贝，不会保留原来的*oid*，从而与源数据不再有联系；*var*是对节点的引用，会保留原来的*oid*，从而与原来的数据仍有联系。所以*var*可以用来定义视图。

比如，对于以下查询：

```
FOR $b in document("bib.xml")//book
WHERE $b/year<2001
RETURN <books>{ $b }</books>
```

转换成操作树是：

$$\text{return}_{\text{books[\$b]}}(\sigma_{\$y<2001}(\text{path}(\_\ ;\$b;\text{in})\text{book}[(/;\$y;\text{in})\text{year}[\varphi]](\text{db1})))$$

在TAX中，没有一个明确的结构构造符，它用group-by, copy-and-paste, rename来完成结果构造的工作。

2.3.4　XQuery查询代数OrientXA

1. OrientXA的具体实现

在本节我们具体介绍OrientXA的定义及其操作符。在OrientXA中，将模式树进行了扩充，扩展为Source Pattern Tree和Output Pattern Tree。分别定义如下：

定义 2-3　Source Pattern Tree：一个Source Pattern Tree是一棵树(*N*, *E*, *R*)，其中，*N*是节点集合，*E*是边的集合，*R*是树的根。每个节点有节点名，节点名可以为空，表示可以取任意节点名。节点名在Pattern Tree上不惟一。为了惟一地标识一个节点，每个节点分配一个PID。每一个节点还有若干个修饰符，主要包括：

- **是否序列绑定：**用双圆圈表示序列绑定的节点，单圆圈表示节点绑定的节点；
- **是否强绑定：**用实线圆圈表示强绑定，虚线圆圈表示弱绑定；
- **是否连带绑定所有子孙节点：**用p表示需要连带绑定所有子孙节点。

边用来表达节点间的关系。Pattern Tree上有三种边：

- **父子边**，用单实线表示；
- **祖先后代边**，用双实线表示；
- **元素属性边**，用单虚线表示。

定义 2-4　Constructor Pattern Tree：为了表示结果构造操作，引入Constructor Pattern Tree。注意，Constructor Pattern Tree上的边都是父子边或者元素属性边。

节点定义如下：

N := n(TagName) [= *val*]

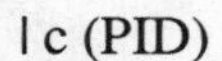

| c (PID)

val := atom | PID

其中，n(TagName) = *val* 表示新建一个节点，节点名为 TagName，节点值为 *val*；c(PID) 表示拷贝 input pattern tree 上特定 PID 节点，包括节点名，节点值，以及所有子孙节点； *val* 可以取原子值 atom，也可以取某个 PID 节点的文本值。Constructor Pattern Tree 的节点可以有以下修饰符：

是否序列构造：用双圆圈表示序列构造。序列构造只用于拷贝构造节点，表示输入集所有拷贝的节点挂载在同一个父节点下面。为了方便描述，给出以下定义：

- 如果 X 是一个 XML 树集合，x 是该集合中一棵树，记做 $x \in X$
- 如果是 s 是 x 的一棵子树，记做 $s \in x, s \prec X$
- 如果 P 是一个 Pattern Tree, x 是 P 的实例树，记做 $P(x)$
- 如果 PE 是一个值谓词表达式，实例树 x 上的相应节点满足该谓词，记做 $PE(x)$。

2. OrientXA 的操作符

每个操作符实际上都有一个 P_i 表示了输入数据的格式，有一个 P_o 表示了输出数据的格式。我们把 P_i 叫做输入 Pattern，把 P_o 叫做输出 Pattern。这里，有几个规则：

① 选择操作符的 P_i 可以为空，其他操作的 P_i 均不能为空。

② 结构构造操作符的 P_o 是 Constructor Pattern Tree，其他均为 Source Pattern Tree。

③ 每一个操作的 P_o 是下一个操作的 P_i。

选择操作符：$\sigma_{P_i,P_o,PE}(X) = \{x \mid x \prec X, P_o(x), PE(x)\}$

输入：

P_i：输入 pattern tree，是 Source Pattern Tree，可以为空；

P_o：输出 pattern tree，是 Source Pattern Tree，不能为空；

PE：谓词链表，可以为空；

X：XML 树集合。

输出：P_o 的实例树集合。

输出 Pattern：P_o。

结果构造操作符：$\chi_{p_i,p_o}(X)$

输入：

P_i：输入 pattern tree，是 Source Pattern Tree，不能为空；

P_o：输出 pattern tree，是 Constructor Pattern Tree，不能为空；

X：XML 树集合。

输出：按照 P_o 构造的实例树集合。

输出 Pattern：P_o

序列操作符：$\xi_{Pi,(op_1,op_2,\ldots,op_n)}(X) = \{s(op_1(x), op_2(x), \ldots, op_n(x)) \mid x \in X\}$ 输入：

P_i：输入 Pattern，是 Source Pattern Tree，不能为空；

op_i：一元操作符；

X：XML 树集合。

输出：$s(op_1(x), op_2(x), \ldots, op_n(x))$，其中，$s$ 是虚根节点。

输出 Pattern：$s(Po_1, Po_2, \ldots, Po_n)$，其中，$Po_i$ 是 op_i 的输出 Pattern。

连接操作符：

$\triangleright\triangleleft_{p_1,p_2,C}(X_1,X_2)=\{j(x_1,x_2)\mid x_1\in X_1,x_2\in X_2,C(x_1,x_2)\}$ 和

$\otimes_{p_1,p_2,C}(X_1,X_2)=\{j(x_1(x_{21},x_{22},\dots,x_{2n}))\mid x_1\in X_1,x_{2i}\in X_2,C(x_1,x_{2i})\}$

输入：

P_i：输入 pattern tree，是 Source Pattern Tree，不能为空；

P_o：输出 pattern tree，是 Source Pattern Tree，不能为空；

C：连接谓词。

X：XML 树集合。

输出：

满足连接谓词的 $j(x_1, x_2)$集合，其中，j 是虚根节点。

输出 Pattern：$j(P_1, P_2)$

还可以在此基础上定义左连接：$L\triangleright\triangleleft_{p_1,p_2,C}(X_1,X_2)$ 和 $L\otimes_{p_1,p_2,C}(X_1,X_2)$

分组操作符：$\gamma_{P,f}(X)=\{g(v,r(x_1,x_2,x_n))\mid x_i\in X,v=f(x_i)\}$

输入：

P：输入 pattern tree，是 Source Pattern Tree，不能为空；

f：分组函数；

X：XML 树集合。

输出：

$g(v, r(x_1, x_2, \dots, x_n))$，其中，$x_1, x_2, \dots, x_n$ 具有相同的分组函数值 v；g 是虚根

输出 Pattern：$g(v, r(P))$

聚集操作符： $A_{p_i,f}(X)=\{a(v,x)\mid x\in X,v=f(X)\}$

输入：

P：输入 pattern tree，是 Source Pattern Tree，不能为空；

f：聚集函数，如 sum, count, average 等；

X：XML 树集合。

输出：$a(v, x)$，v 是聚集函数值；

输出 Pattern：$a(v, P)$

消重操作符：　$\delta_{P,f}(X)=\{x\mid x\in X,\forall x_i\in\delta(X), if\ x_i\neq x\Rightarrow f(x_i)\neq f(x)\}$

输入：

P：输入 pattern tree，是 Source Pattern Tree，不能为空；

f：消重函数，对于每一个输入的 XML 树，返回一个可比较的值；

X：XML 树集合。

输出：消除重复值之后的 XML 树集合。

输出 Pattern：P

排序操作符 $\tau_{P,f}(X)$

输入：

P：输入 pattern tree，是 Source Pattern Tree，不能为空；

f：排序函数，对于每一个输入的 XML 树，返回一个可排序的值；

X：XML 树集合。

输出：排序后的 XML 树集合。

输出 Pattern：P

示例 2-5 对于如下 XQuery 查询

```
<bib>
  {
   for $b in doc("bib.xml")/bib/book
   let $a := $b/author
where $b//publisher/text() = "Addison-Wesley" and $b/@year > 1991
   return
      <book year="{ $b/@year }">
        { $b/author}
      </book>
  }
</bib>
```

用 OrienctXA 表示如图 2-6 所示。

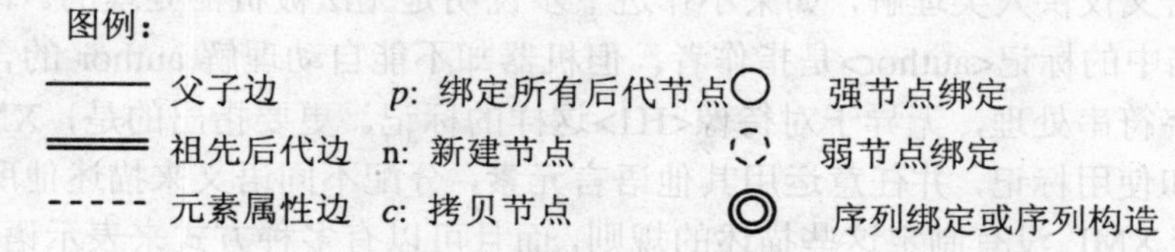

PE：$3= "Addison-Wesley" and $5>1991

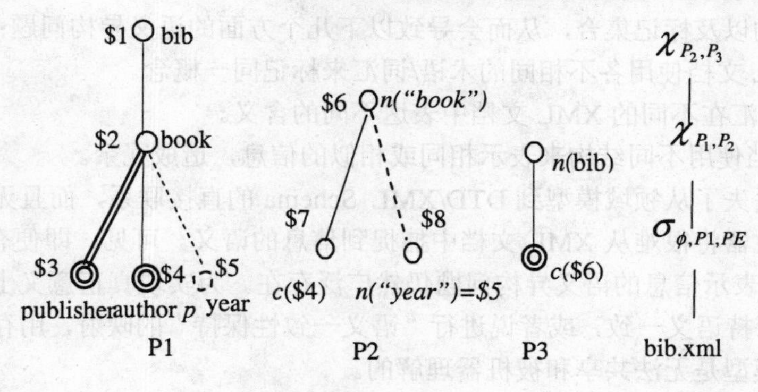

图 2-6 OrientXA 示例

有关 OrientXA 的更详细讨论，参考文献[16]。

2.4 分布式环境下的基于 XML 信息处理机制的不足

从以下方面总结分布式环境下 XML 信息处理机制所存在的不足。

1. XML 信息表示机制本身存在的语义缺陷问题

衡量一种信息表示机制是否合理有效有以下三个重要指标：

（1）强大的表达能力

由于使用环境的多样性，数据模式必须有可以表达任何一种数据的能力。

（2）对于语法互操作性的支持

语法的互操作性仅指数据的读取和表示。例如诸如分析器或查询 API 等软件部件应该在不同的应用中能够重用。

（3）对于语义互操作性的支持

语义的互操作性是指数据互相理解的问题。它与语法互操作性的区别是：语法互操作性指的是数据的分析，而语义互操作性指的是将未知数据映射为已知数据。

XML 为信息表示和信息交换提供了很好的中介手段和标准，只要适当定义其语法即可描述任何非结构化信息，也就是说 XML 符合以上第一点要求。由于 XML 解析器可以分析任何 XML 数据(实际上 XML 解析器已经成为标准软件库中的一部分)，因此也满足第二点要求。但是，XML 及其模式规范(DTD/XML Schema)只提供固定的语法描述，并未考虑信息的语义特点，因此缺乏对语义互操作的支持。本节将重点讨论利用 XML 表示信息以及访问 XML 文档时可能出现的语义问题。

XML 的可定制标记及其相关模式规范(DTD/XML Schema)可用来描述信息的语义属性，然而，这些语义仅供人类理解，如果不作进一步说明是无法被机器处理的。比如，我们知道某 XML 文档中的标记<author>是指作者，但机器却不能自动理解 author 的含义，因而很可能将它视为字符串处理，无异于对待像<H1>这样的标记。更要指出的是，XML 允许文档作者自由定义和使用标记，并任意运用其他语言元素，分配不同语义来描述他所涉及的领域模型。但是由于 XML 没有制定这些描述的规则，而且可以有多种方式来表示语义相同的对象，那么即使基于同样的领域，不同的 XML 作者也可能构造出很多种不同的 DTD/XML Schema，制定各自的文档结构以及标记集合，从而会导致以下几个方面的语义异构问题：

① 不同的 XML 文档使用各不相同的术语/词汇来标记同一概念。

② 同一术语/词汇在不同的 XML 文档中表达不同的含义。

③ 各 XML 文档使用不同结构来表示相同或相似的信息，造成冗余。

如此一来，就丢失了从领域模型到 DTD/XML Schema 的直接联系，而且无法轻松地再次构造它们，因此机器将很难从 XML 文档中捕捉到信息的语义。可见，即便有 XML 模式规范的约束，XML 表示信息的语义异构问题仍然广泛存在。为实现真正意义上的信息集成和知识共享，必须保持语义一致，或者说进行“语义一致性保持”的映射，用存在歧义的词语构成的领域知识模型是无法共享和被机器理解的。

2. 分布式环境下语义异构的问题

语义异构问题是分布式环境下普遍存在的问题，特别是本书讨论的其中一个环境是广域分布的网格（Grid），不同的网格节点或网格虚拟组织（Grid Virtual Organization）对于同样的语义可能采用不同的术语或方式进行表示，造成不同节点间通信与交流的困难，影响了查询处理的效率和准确率。

在分布式环境下解决 XML 数据处理的语义异构问题需要重点考虑三个方面的问题：①如何表达不同节点之间的语义映射，主要是如何表达一个全局视图中的语义和一个局部视图中的语义之间映射问题。信息集成技术中常用的 GAV、LAV 和 GLAV 模式为我们提供了有益的参考。②如何扩展 XML 代数语言使它能够支持语义异构映射。③如何扩展现有的查询语言如 XQuery，支持语义级别的数据操作，而不仅仅局限于固定的 XPath 结构的数据操作。

3. XML 数据查询语言所存在的不足

（1）XML 语言处理能力所存在的不足

现有的各种 XML 数据处理语言本身存在许多不尽如人意的地方。DOM API 是一种广泛使用的 XML 数据处理语言，但这种语言过于依赖于 XML 的存储结构，它主要是通过它所提供的遍历操作机制实现对整个 XML 树形结构的遍历，因此它易于通过高级语言编程来实现，但不备具 SQL 数据查询语言所应具有的脚本语言的风格。同时，由于 DOM API 进行 XML 数据处理时过于依赖于所操作对象（即 XML 文档）的文档结构（文档结构可能通过 DTD 或 XML Schema 来表示）及数据内容，因此对于不同的 XML 文档，它的数据访问流程和操作逻辑可能都不一样，不利于构建一个通用的 XML 数据处理的框架。SAX 数据访问机制通过提供简单的接口实现对 XML 数据的高效处理，但它只能实现顺序访问，数据处理能力远远达不到一般情况下数据处理的需求。总的来说，这两种语言都过于依赖操作对象的文档结构，它们都不是面向用户查询的数据处理语言，不具备数据查询语言的基本风格，相反，具备过程化（或者说结构化）编程语言的特点。因此，与其说它们是 XML 数据查询语言，不如说它们是结构化编程语言操作 XML 数据方法的抽象。

目前对于 XML 数据处理的研究主要集中于基于 XPath 的查询处理上，XPath 提供了类似于正则路径表达式形式（Regular Path Expression，RPE）的数据查询风格，XPath 相对比较简单，但表达能力有限，例如不能表示连接操作等。在 XPath 基础上形成的 XQuery 语言已经成了事实上的 XML 数据处理的工业标准，它兼有结构化查询语言和过程化编程语言的特点，一方面，XQuery 的 FLWR 子句在一定程序上类似于 SQL 的 Select-From-Where 子句，是 XQuery 的最重要的表达式；另一方面，XQuery 支持表达式的任意嵌套，支持条件表达式（IF-THEN-ELSE）、循环表达式（FOR）、返回值（RETURN）等，还支持变量和谓词的作用域问题，这些都是编程语言的重要特征，美中不足的是 XQuery 不支持数据更新的操作（包括修改、增加和删除操作）。

XUpdate 也是一种基于 XPath 之上的数据处理语言，支持对 XML 数据的更新操作，但语言的表达能力有限，结构没有 XQuery 灵活，而且目前的 XUpdate 只支持对 XML 数据的更新操作，不支持对 XML 文档模式（如 XML 文档对应的 DTD 或 XML Schema）的更新操作。

（2）数据处理语言对分布式环境的支持能力

由于目前 XML 信息处理的研究主要局限于单个节点的查询及其优化，因此现在的半结构化信息处理机制如 DOM API、XPath 和 XQuery 等并没有充分考虑在分布式环境下对 XML 数据处理的支持。

但是，也必须认识到基于 XML 代数处理的方式也存在不足，最大的不足是无法处理许多语言中面向编程语言的结构，特别是嵌套结构。

（3）XML 文档查询结果的语义遗漏问题

XML 的语义缺陷还存在于其查询过程中。目前常用的 XML 查询语言(如 Lorel for XML[19]、XML_QL 和 XQL 等)所提供的数据模型都是直接反映 XML 文档的结构(语法)，信息访问者只有清楚地知道了文档的具体结构才能写出正确的查询语句(采用路径表达式或模板等)，而且这类 XML 查询语言无法挖掘出文档中某些隐含信息，因此在一定程度上影响了查询结果的完整性。

示例 2-6

```
<? xml version="1.0" encoding="UTF-8" ?>
    <skills>
```

```
    <people>
        <person>
            <name>Peter</name>
            <know-how>XML</know-how>
        </person>
        <person>
            <name>Jim</name>
            <know-how>XML</know-how>
            <know-how>HTML</know-how>
        </person>
    <programmer>
            <name>John</name>
            <know-how>XML</know-how>
    </programmer>
  </people>
  <seminars>
        <seminar>
            <topic>XML</topic>
            <participant>
                <name>Tom</name>
                <name>Mary</name>
            </participant>
        </seminar>
    </seminars>
</skills>
```

例如，示例 2-6 是一个有关员工技能的 XML 文档，用 XML_QL 语法在该文档中查找具备 XML 知识的人员表达如下：

```
WHERE
<people>
<person>
<name>$P</name>
<know-how>XML</know-how>
</person>
</people> IN "some URL"
CONSTRUCT $P
```

语句含义：查询 person 元素的子元素 name，条件是 person 元素有一个内容为 XML 的 know-how 子元素，此例查询的结果仅返回 Peter 和 Jim。

从示例 2-6 所示文档的 seminars 元素不难发现，研讨会主题是 XML，根据推理，参加研讨会的所有人员都应具备 XML 的知识，则 Tom 和 Mary 也满足查询要求，因此，为了得到完整的查询结果还需补充下列查询语句：

```
WHERE
<seminar>
<topic>XML</topic>
<participant>
<name>$P</name>
</participant>
</seminar> IN "some URL"
CONSTRUCT $P
```

或者直接利用 XQL 语法的联合查询来实现：

```
//person/name[../know-how="XML"]
    $union$
//seminar[topic="XML"]/participant/name
```

此外，示例 2-6 的 XML 文档还表明程序员 John 也掌握 XML 知识，但由于使用了<programmer>而不是<person>来标记，因此以上语句仍然无法把 John 查询出来，因为没有概念模型的指导，机器不可能知道 programmer 是 person 的子类。

可见，由于 XML 查询语言所提供的数据模型和文档结构联系过于紧密，为得到准确完备的查询结果，访问者必须明确 XML 文档的结构及其标记的含义，并预见相关信息在文档中所有可能出现的位置才能给出查询请求。但 XML 的可扩展性决定了 XML 文档结构及标记集的灵活多变，这势必给访问者带来极大负担，特别是在 XML 文档所表述的领域较为复杂时，几乎不可能像示例中那样简单补充一条语句就能查询出隐含的信息。

理想的方法是，信息访问者只需用其熟悉的概念术语提交查询请求，查询引擎就能在语义级别返回完整的结果。比如提问“哪些人具备 XML 知识”，或是以更形式化的方法表达：FORALL P <— P: Person[know-how = "XML"]。查询结果包括 Peter、Jim、Tom、Mary 以及 John。

2.5 XML 数据处理机制的描述

我们首先采用形式化方法定义基于 XML 表示的半结构化数据及数据库，然后定义基于 XML 的代数表示。下一章在本定义的基础上定义了基于本体的扩展。本章和下一章的大部分定义来源于 OBSA[20,21]系统中的相关内容，同时参考了文献[19,20]中关于基于本体扩展的半结构化数据库的形式化定义，参考了目前主流的 XML 关系代数。

定义 2-4 XML 实例及其数据库。首先定义 XML 数据库实例（XML Instance），一个 **XML** 实例可以表示为 $I_d:=(V_d, E_d, \delta_d, \mathcal{T}_d, \mathcal{O}_d, t_d, oid_d, root_d)$，其中：

① I_d 是在有根节点的有向树，V_d 是树的节点的集合，E_d 是树的边的集合并且 $E_d \subseteq V_d \times V_d$，$\delta_d$ 是树的节点与节点之间的映射，它决定了有向边的方向，$root_d$ 是树的根节点。

② 每一个节点存在一个惟一的标识，属于集合 $\mathcal{O}_d$，也就是说对于一个节点 e，存在关系 $\forall(e)\{e \in V_d \rightarrow \exists(o)\{o=oid_d(e) \wedge o \in \mathcal{O}_d\}\}$；

③ 每一个节点 e 存在一个类型映射函数 $t_d(e,\textbf{string})$将一个节点的属性映射为一个类型 $\tau \in t_d$，其映射规则如下：

- 如果 **string** = tag，则将其映射为 tag 的类型；

◆ 如果 **string** = content，则将其映射为 content 的类型。

④ 对于每一个类型$\tau \in t_d$，定义其领域为 dom(τ)；

⑤ 定义δ_d为边的标识，通过这个标识，每一个父节点可以访问到相应的子节点，如果子节点想访问父节点，则通过δ_d^{-1}来访问。

XML 数据库是一个有限的 XML 实例I_d集合。

2.6 本章小结

本章首先总结了 XML 语言的处理机制，重点是 XML 语言的查询机制，包括 XPath 和 XQuery 等查询语言以及 XML 查询代数。然后讨论了在分布式环境下基于 XML 的半结构化信息表示机制的缺陷，包括在表示机制和查询机制上的不足。最后介绍了本书所采用的 XML 的数据处理机制及一些基本的概念。

第三章　基于本体的语义表示机制

自从 20 世纪 90 年代以来，来自于哲学、知识获取、知识表示、过程管理、自然语言处理等各个不同领域的研究人员和机构，从各自不同的角度共同探讨本体的核心问题，围绕本体展开了许多研究和探索。1998 年本体领域的第一个主题会议“信息系统中形式本体论国际会议”(ICFOIS1998)召开，并且伴随着科研与应用的不断积累，有关本体的研究逐渐走向了成熟。

3.1　本体的定义

最初人们对本体的理解并不完善，这些定义也处在不断的发展变化中，比较有代表性的定义如表 3-1 所示。

表 3-1　本体概念的定义

范　畴	提出时间/提出人	定　义
哲　学		客观存在的一个系统的解释和说明，客观现实的一个抽象本质
计算机	1991/Neches[22]等	给出构成相关领域词汇的基本术语和关系，以及利用这些术语和关系构成的规定这些词汇外延的规则的定义
	1993/Gruber[23]	概念模型的明确的规范说明
	1997/Borst[24]	共享概念模型的形式化规范说明
	1998/Studer[25]	共享概念模型的明确的形式化规范说明

关于最后一个定义的说明体现了本体的四层含义：

◆ 概念模型（Conceptualization）：通过抽象出客观世界中一些现象（Phenomenon）的相关概念而得到的模型，其表示的含义独立于具体的环境状态。

◆ 明确（explicit）：所使用的概念及使用这些概念的约束都有明确的定义。

◆ 形式化（formal）：本体是计算机可读的。

◆ 共享（share）：本体中体现的是共同认可的知识，反映的是相关领域中公认的概念集，它所针对的是团体而不是个体。

本体的目标是捕获相关领域的知识，提供对该领域知识的共同理解，确定该领域内共同认可的词汇，并从不同层次的形式化模式上给出这些词汇（术语）和词汇间相互关系的明确定义[26]。

为了描述后面的关系代数及其形式化的定义，采用类似于语义分类（Taxonomy）的表示方法来对本体进行形式化定义，这种定义方法与基于描述逻辑[27]的定义方法是等价的[28,29]。

定义 3-1　本体　本体可用以下八元组来表示 $O:=(C, A^C, \leqslant_C, R, A^R, \leqslant_R, \sigma, \pounds)$，其中：

（1）C 和 R 为两个集合，分别表示概念集合和关系集合。

（2）A^C 和 A^R 是两个属性集合容器，分别代表概念属性的集合容器和关系属性的集合容器，容器的每一个元素代表一个概念或关系的属性集合。

（3）一个作用于 C 上的偏序关系 $\leqslant_C$，称为概念层次或分类法。

（4）一个函数 $\sigma: R \to C^+$，称为标识或签名。

（5）一个作用于 R 上的偏序关系 $\leq_R$，称为关系层次，对于 $1 \leqslant i \leqslant |\sigma(r_1)|$，如果 $r_1 \leqslant_R r_2$ 则意味着 $|\sigma(r_1)| = |\sigma(r_2)|$ 而且 $\pi_i(\sigma(r_1)) \leqslant_C \pi_i(\sigma(r_2))$。

（6）£为一个逻辑语言，一个本体 O 的基于逻辑的公理系统是一个二元组 $A:=(AI, \alpha)$，其中(i)AI 是一个集合，它的元素被称为公理标识(ii) $\alpha: AI \to \pounds$是一个映射，$A:=\alpha(AI)$的元素称为公理。可以采用支持 OWL 或 DAML+OIL 逻辑语言来表示，如 TRIPLE[30]、F-Logic[31]等。

3.2　本体研究综述

3.2.1　本体的概念

本体一词始于哲学，一指哲学的一个分支学科，研究物质的本性和组织；二指对一给定的领域，研究事物的本性及其关系，进行概念化的结果。在物质世界和精神世界中，存在着各种各样的事物。人们在长期的实践中，会逐渐形成对这些事物的认知，并形成概念、事实和规则等。这些知识形成后，往往以语言、文字或图形等方式予以表示，以满足人与人之间交流的需要，并进一步进行知识的积累。

哲学上的本体旨在解决第一个问题——对某一定义的知识进行统一的概念化(conceptualization)。特别指出，哲学上的本体不依赖于具体符号系统，它甚至仅仅存在于人脑中而不需要任何符号表示。例如书这一概念，其特性及其与其他概念(如作者、刊号)的关系，不因“book”或“书”等具体符号描述而改变。

20 世纪五六十年代，由于计算机应用的不断发展，信息系统尤其是知识库系统的不断增多，其规模的不断扩大，使得实施的代价越来越大。人们期望已有的知识库能够在后面的知识库系统中继续使用，也希望不同的知识库系统间能够实现知识的共享，这将极大地减少研究开发中的工作量，有利于系统的规模化，并极大地促进知识工程的发展，而普遍认为本体的理论研究和体系构建是实现这些目标的重要基础。于是人工智能学术界率先引入本体。现在，本体已经广泛应用于知识工程、知识表示、质量建模、自然语言处理、信息获取和挖掘、面向对象设计、基于 Agent 的系统设计和电子商务等领域，在这些领域中，本体的应用表现在以下三个方面[32]：

（1）本体是人与人、人与计算机系统间信息交互的基础，不同的人和群体交互，需要基于本体实现对知识的共同理解。

（2）本体是不同软件系统或软件实体间互操作的基础，以电子商务为例，不同公司的商务系统或服务有其各自的解决方案：本体将用于解决各系统因不同建模方法、不同范例、不同语言和软件工具开发所产生的交互障碍。

（3）本体还带来系统工程上的一系列好处。建立一个系统时，共享的知识理解是进行需求分析和建立系统规格说明的前提条件，特别是涉及不同的领域、不同的人、使用不同的术语学进行需求分析时尤其应该如此，此外，形式化的知识描述将构成系统各部分互操作、系统复用和易扩展的基础。

3.2.2 本体的建模元语

Perez 等人用分类法组织了本体，归纳出五个基本的建模元语（Modeling Primitives）：

◆ 类（classes）或概念（concepts）：指任何事务，如工作描述、功能、行为、策略和推理过程。从语义上讲，它表示的是对象的集合，其定义一般采用框架（frame）结构，包括概念的名称，与其他概念之间的关系的集合，以及用自然语言对概念的描述。

◆ 关系（relations）：在领域中概念之间的交互作用，形式上定义为 n 维笛卡儿积的子集：$R{:}C_1\times C_2\times \cdots\times C_n$。如子类关系（subclass-of）。在语义上关系对应于对象元组的集合。

◆ 函数（functions）：一类特殊的关系。该关系的前 $n-1$ 个元素可以惟一决定第 n 个元素。形式化的定义为 $F{:}C_1\times C_2\times \cdots\times C_{n-1}\rightarrow C_n$。如 mother-of 就是一个函数，mother-of(x,y) 表示 y 是 x 的母亲。

◆ 公理（axioms）：代表永真断言，如概念乙属于概念甲的范围。

◆ 实例（instances）：实例代表属于某概念/类的基本元素，即某概念/类所指的具体实体。

从语义上分析，实例表示的就是对象，而概念表示的则是对象的集合，关系对应于对象元组的集合。概念的定义一般采用框架(Frame)结构，包括概念的名称、与其他概念之间关系的集合以及用自然语言对该概念的描述。基本的关系有四种：part-of、kind-of、instance-of 和 attribute-of。part-of 表达概念之间部分与整体的关系；*kind-of* 表达概念之间的继承关系，类似于面向对象中的父类和子类之间的关系，给出两个概念 C 和 D，记 $C'=\{x|x$ 是 C 的实例$\}$，$D'=\{x|x$ 是 D 的实例$\}$，如果对任意的 x 属于 D'，x 都属于 C'，则称 C 为 D 的父概念，D 为 C 的子概念；instance-of 表达概念的实例和概念之间的关系，类似于面向对象中的对象和类之间的关系；attribute-of 表达某个概念是另外一个概念的属性。例如概念“价格”可作为概念“桌子”的一个属性。在实际的应用中，不一定要严格地按照上述五类元语来构造本体。同时概念之间的关系也不仅限于上面列出的四种基本关系，可以根据特定领域的具体情况定义相应的关系，以满足应用的需要。

3.2.3 本体的表示方法

本体是采用某种语言对概念化的描述。因此，本体依赖于所采用的语言，在具体的应用中，本体的表示方式可以多种多样(见表 3-2)，按照表示和描述的形式化程度不同，可以分为四大类：

(1) 非形式化(highly informal)：使用自然语言松散地表示。

(2) 半非形式化(semi-informal)：使用一种受限制的和结构化的形式自然语言，这可以大大增加所表示信息的清晰性，减少二义性。

(3) 半形式化(semi-formal)：使用一种人工定义的语言。

(4) 严格形式化(rigorously formal)：使用以严格形式化的语义理论来定义的术语，定理以及对诸如稳定性和完整性的证明。

表 3-2　　本体表现形式的多样性

本体表现形式	说　明
目录	词汇集，如产品目录等。
术语表	术语集，给出每个术语及其含义的自然语言描述，以及同义词和简写等
辞典	对概念更详细的自然语言描述，词性和应用举例等
非严格层次概念目录树	显式的但不严格的概念层次关系，如 Yahoo！分类目录树
严格层次概念目录树	严格的 is-a 关系
类-实例知识描述系统	分为类和实例两类概念，并提供实例和类间的关系形式化描述
框架知识描述系统	引入框架，添加了概念的属性信息
带约束框架知识描述系统	添加单一型或值的约束、谓词逻辑对型/值的关联约束等
复杂框架知识描述系统	添加对属性描述的不相交、反转、部分/整体等关系的支持
…	添加可以表述的其他规范

本体可以用自然语言来描述，也可以用框架、语义网络或逻辑语言等来描述，本体形式化程度越高，越有利于计算机进行自动处理。

目前使用最普遍的方法是 Ontolingua[33]、F-Logic[31]、Loom[34]等，它们都是基于一阶逻辑的表示语言，但有着各自不同的表达方式和计算属性。

Ontolingua[35]是一种基于 KIF[36](Knowledge Interchange Format)的，提供统一的规范格式来构建本体的语言。Ontolingua 为构造和维护本体提供了统一的、计算机可读(可处理)的方式。由 Ontolingua 构造的本体可以很方便地转换到各种知识表示和推理系统，使得对本体的维护与具体使用它的目标表示系统分离开来。可以把 Ontolingua 转换成 Prolog、CORBA 的 IDL、CLIPS[37]、LOOM、Epikit[38]、Algernon 和标准的 KIF。目前，Ontolingua 主要是作为本体 服务器上提供的，用于创建本体的语言。另外有不少项目使用 Ontolingua 作为实现本体的语言。

F-Logic(框架逻辑)是我们设计的 OBSA 系统所使用的描述语言，将在后面详述。

Loom 是 Ontosaurus 的描述语言，是一种基于一阶谓词逻辑的高级编程语言，属于描述逻辑(Description Logic)体系。它具有以下的特点：①提供表达能力强、声明性的规范说明语言；②提供强大的演绎推理能力；③提供多种编程风格和知识库服务。该语言后来发展成为 PowerLoomII 语言。PowerLoom 是 KIF 的变体，它是基于逻辑的、具备很强表达能力的描述语言，采用前后链规则(backward and forward chainer)作为其推理机制。

另外，有不少本体的表示语言是基于 XML 语法并用于语义 Web 的，如：OXL(本体 eXchange Language)、SHOE(Simple HTML Ontology Extension，最初基于 HTML)、

OML(Ontology Markup Language)以及由 W3C 工作组创建的 RDF(Resource Description Framework)与 RDF Schema。最后，还有建立在 RDF 与 RDF 之上的、较为完善的本体语言 OIL(Ontology Inference Layer)和 DAML+OIL 以及 OWL[39]语言等（见图 3-1）。

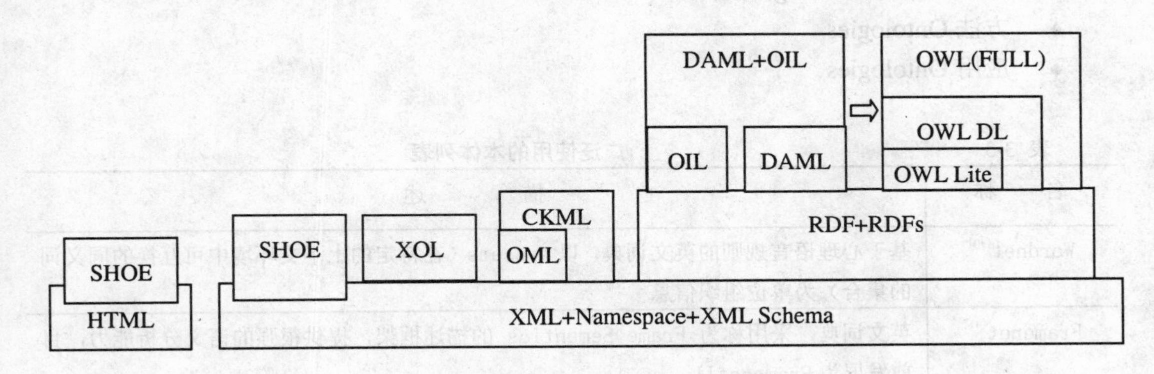

图 3-1　本体描述语言的层次

3.2.4　本体的构造规则

目前已存在很多本体，出于对各自问题域和具体工程的考虑，创建本体的过程也是各不相同的。由于没有一个标准的本体构造方法，不少研究人员从实践出发，提出了不少有益于构造本体的标准，其中最有影响的是 Gruber 于 1995 年中提出的五条规则：

(1) 明确性和客观性：即本体应该用自然语言对所定义术语给出明确的、客观的语义定义。

(2) 完全性：即所给出的定义是完整的，完全能表达所描述术语的含义。

(3) 一致性：即由术语得出的推论与术语本身的含义是相容的，不会产生矛盾。

(4) 最大单调可扩展性：即向本体中添加通用或专用的术语时，不需要修改其已有的内容。

(5) 最小承诺：即对待建模对象给出尽可能少的约束。

当前对构造本体的方法和性能评估还没有一个统一的标准，因此，还需要作进一步的研究。不过，在构造特定领域本体的过程中，有一点得到了大家的公认，那就是需要该领域专家的参与。

3.2.5　本体的分类

目前广泛使用的本体如表 3-3 所示。

Guarino 提出以详细程度和领域依赖度两个维度对本体进行划分。具体说明如表 3-4 所示。

1999 年 Perez 和 Benjamins 归纳出了 10 种 Ontologies[26]：

- ◆ 知识表示 Ontologies
- ◆ 普通 Ontologies
- ◆ 顶级 Ontologies
- ◆ 元（核心）Ontologies

- 领域 Ontologies
- 语言 Ontologies
- 任务 Ontologies
- 领域－任务 Ontologies
- 方法 Ontologies
- 应用 Ontologies

表 3-3　广泛使用的本体列表

名　称	描　述
Wordnet[40]	基于心理语言规则的英文词典，以 synsets（在特定的上下文环境中可互换的同义词的集合）为单位组织信息
Framenet[41]	英文词典，采用称为 Frame Semantics 的描述框架，提供很强的语义分析能力，目前发展为 FramenetII
GUM[42]	面向自然语言处理，支持多语种处理，包括基本概念及独立于各种具体语言的概念组织方式
SENSUS[43]	面向自然语言处理，为机器翻译提供概念结构，包括 7 万多概念
Mikrokmos	面向自然语言处理，支持多语种处理，采用一种语言中间的中间语言 TMR 表示知识

表 3-4　根据详细程度和领域依赖度对本体的划分

维　度	说　明	分 类 级 别
详细程度	描述或刻画建模对象的程度	高的称做参考（Reference）Ontologies
		低的称做共享（share）Ontologies
领域依赖程度	—	顶级（top-level）Ontologies 描述的是最普遍的概念及概念之间的关系，如空间、时间、事件、行为等，与具体的应用无关，其他 Ontologies 均为其特例
		领域（domain）Ontologies 描述的是特定领域中的概念和概念之间的关系
		任务（task）Ontologies 描述的是特定任务或行为中的概念及概念之间的关系
		应用（application）Ontologies 描述的是依赖于特定领域和任务的概念和概念之间的关系

3.3　基于 F-Logic 的表示机制

本书后面介绍的原型 OBSA 采用基于 F-Logic 的机制来构建本体，因此在本节我们有必要首先介绍一下基于 F-Logic 的本体表示机制。F-Logic (Frame-Logic 的缩写，框架逻辑)是基于一阶逻辑(first-order)的本体表示语言之一。它是一种面向对象数据库、框架系统和逻辑程序的语言，其特点是提供了定义本体所需的基本建模元语并将其集成在一个框架结构中。框架是人工智能领域中用于知识表示的一种数据结构，和面向对象的解决方案有相似之处，不同的是，框架知识表示方案的主要目的是对知识及其内在联系的表示，而不是信息隐藏和封装。

F-Logic 给出了概念、属性和公理等定义和表述，对概念的继承和包含关系做了进一步的支持，同时一些逻辑公理还对本体中的类与实例间的关系作了深层的约束。

F-Logic 的词汇集由功能符号和变量两类组成，代表概念的术语由一阶谓词语句组成。使用功能符号和变量，以及 AND、OR、NOT、FORALL 和 EXISTS 等连接词构成公式，公式的集合就是一个 Frame Logic Ontology，最简单的公式被称为分子公式。分子公式有断言和对象公式两种形式：

- 断言， $C::D$ (C 是 D 的子类) 或 $O::C$ (O 是 C 的一个实例)。
- 对象公式，形如： O[方法表达式列表]。

对象公式中 O 代表实例或类，方法表达式分为数据表达式和签名表达式，进一步阐明了 O 的属性。数据表达式又有标量表达式和集域表达式两种，描述了 O 上应用的方法 m，当给定参数 $Q_1,\cdots,Q_k$ 将产生结果 T，根据其表达式类型将返回一个标量或是集合；签名表达式定义了用于对象 O 的方法类型，一个方法 m 在 O 上使用时其参数 $V_1,\cdots,V_n$ 必须是 $A_1,\cdots,A_r$ 的元素或元素的子类型。

标量表达式 ScalarMethod@$Q_1,\cdots,Q_k$ —> T

集域表达式 SetMethod@$R_1,\cdots,R_n$ —>>{ $S_1,\cdots,S_m$ }

标量签名表达式 ScalarMethod@$V_1,\cdots,V_n$ => ($A_1,\cdots,A_r$)

集域签名表达式 SetMethod@$W_1,\cdots,W_s$ —>>{ $B_1,\cdots,B_t$ }

使用逻辑连接词和量词，可以由分子公式构造更复杂的 F-Logic 公式。

F-Logic 的 EBNF(Extended Backus-Naur Form)语法描述参见图 3-2。本章将采用 F-Logic 作为本体的描述语言。以下是几个最基本的建模元语表达式：

- 子类(Subclass)：$C_1::C_2$　表示 C_1 类是 C_2 类的子类；
- 实例(Instance of)：$O:C$　表示 O 是 C 类的一个实例(对象)；
- 属性声明：C_1[A=>>C_2]　表示 C_1 类的实例具有属性 A，该属性的值是 C_2 类的实例；
- 属性的值：O[A—>>V]　表示实例 O 有一个值为 V 的属性 A。

此外，还有基于上述基本表达式建立的复杂表达式，即规则(Rules)，规则的形式化定义为：

head (<— 或 <—> 或 —>) body

其中，head 和 body 是由基本表达式以及常用的谓词逻辑连接符(<—、—>、<—>、AND、OR 和 NOT 等)所组成的复杂公式，还可以利用量词 FORALL 在 head 之前引入变量，利用量词 EXISTS 或者 FORALL 在 body 中间的任意位置引入变量。

使用 F-Logic 定义的本体通常包括三个组成部分：

- 概念的层次定义：定义不同概念之间的子类关系；
- 属性定义：定义概念/类的属性并声明属性值的有效类型；

◆ 规则集合：定义不同概念/类和属性之间的关系。

```
START   ← {(Query | Rule | DoubleRule | Fact) }* "EOF.
Query   ← ["FORALL" VarList ] ( "<-" | "?-") Formula ) ".".
Rule    ← ["FORALL" VarList] MoleculeConjunction ( "<-" | ":-") Formula ".".
DoubleRule ← ["FORALL" VarList] MoleculeConj "<->" MoleculeConj ".".
Fact    ← ["FORALL" VarList] MoleculeConj ".".
MoleculeConj ← Molecule {("AND" | ",") Molecule }*.
Formula ← ("EXISTS"|"FORALL") VarList Formula.
          | Formula ("AND" | "OR" | "<-" | "<->" | "->") Formula.
          | "NOT" Formula .
          | "(" Formula ")" |
            Molecule .
VarList   ← Identifier {"," Identifier}*.
Molecule  ← FMolecule | PMolecule.
Fmolecule ← Reference Specification.
Reference ←Object ([Specification] ("#" | "##") MethodApplication )*.
Specification ← (( ":" | "::" | "<:") Object ["[" [ ListOfMethods] "]" ])
          | "[" [m=ListOfMethods] "]" .
Pmolecule  ← Identifier [ "(" ListOfPaths ")" ] .
Path   ← Object [Specification] ( ("#" | "##") MethodApplication [ Specification ])
*.
ListOfPaths ← Path ("," Path)*.
Object ← ID_Term | "(" Path ")".
Method ← MethodApplication MethodResult .
ListOfMethods ← Method (";" Method )*.
MethodApplication ← Object [ "@(" ListOfPaths")" ].
MethodResult ← (("->" | "=>" | "*->" | "->>" | "=>>" | "*->>") Path).
          | ( "->>" | "=>>" | "*->>") "{" ListOfPaths "}".
IDTerm   ← IDENTIFIER [ "(" ListOfPaths ")" ]
        | INTEGER_LITERAL
        | FLOATING_POINT_LITERAL
        | STRING_LITERAL
```

图 3-2 F-Logic 的 EBNF 语法

图 3-3 为本书自定义的关于计算机软件开发领域的一个本体片断，采用 F-Logic 语言表示。

第一部分是概念的层次定义，使用基本表达式 C_1 :: C_2 声明概念之间的子类关系。网络数据库 NetworkDB 是 Network 的子类，同时也是 DataBase 的子类。开发人员 developer 包括

项目经理 Manager 和程序员 Programmer。

第二部分是概念的属性定义。

项目工程 Project 类定义了项目主题 subject、项目开发周期 periods、项目涉及的背景知识 background 和开发人员 developedBy 四个属性。并规定前两个属性的值是原子类型 STRING，属性 background 的值必须是 Domain 类的实例，属性 developedBy 的值是 Developer 类的实例，即通过属性建立概念之间的关联。

开发者 Developer 类的属性是姓名 name、性别 gender、所开发的项目 develop 以及所掌握的知识技能 skill。项目经理 Manager 和程序员 Programmer 作为 Developer 的子类，在继承这四个属性的基础上分别扩展了各自的属性，如 Manager 的 supervise 属性表示项目经理手下的程序员；Programmer 的 supervisor 属性表示程序员的项目经理，此外还有一个属性 cooperatesWith 表示开发项目的合作程序员。

概念层次定义	属性定义

Object[ ].
Domain :: Object.
ComputerScience :: Domain.
Network :: ComputerScience.
NetworkDB :: Network.
DataBase :: ComputerScience.
NetworkDB :: DataBase.
Project :: Object.
Person :: Object.
Developer :: Person.
Manager :: Developer.
Programmer :: Developer.
	Project [subject=>>STRING;
	periods=>>STRING;
	background=>>Domain;
	developedBy=>>Developer].
	Person [name=>>STRING;
	gender=>>STRING].
	Developer [develop=>>Project;
	skill=>>Domain].
	Manager [supervise=>>Programmer].
	Programmer [supervisor=>>Manager;
	cooperatesWith=>>Programmer].

推理规则定义

1. FORALL Pers1, Pers2
   Pers1: Programmer[cooperatesWith—>>Pers2] <—>
   Pers2: Programmer[cooperatesWith—>>Pers1].
2. FORALL Pers1, Pers2
   Pers1: Manager[supervise—>>Pers2] <—> Pers2: Programmer[supervisor—>>Pers1].
3. FORALL Pers1, Domain1, Project1
   Pers1: Developer[skill—>>Domain1] <—
   Pers1: Developer[develop—>>Project1] AND
   Project1:Project[background—>>Domain1].

图 3-1　基于 F-Logic 描述的本体示例

第三部分包括规则或公理定义，依据这些规则可推理出一些分散的、隐含的知识，对原有信息加以补充和完善。

图 3-3 中的本体定义了三条规则。前面两条均采用等价符“<—>”连接，属双向规则(double rules)，双向规则在连接两个“对象-属性-值”这样的三元组时尤其有用。比如，规则 1 表示开发项目时程序员之间的合作关系，如果 Programmer1 的 cooperatesWith 属性是 Programmer2，那么可以推导出 Programmer2 隐含有一个 cooperatesWith 属性，它的值为 Programmer1。第二条则表达项目经理和程序员之间的管理关系。

第三条规则是单向规则，用推导符“<—”连接，其含义是，如果开发人员开发了某个项目，则他应该具备该项目所涉及的背景知识。

3.4 基于 RDF/RDFS 的描述

3.4.1 RDF/RDFS 简介

RDF(Resource Describing Framework)[44,45]是 W3C 于 1999 年颁布的一个因特网建议。它的功能是利用当前存在着的多种元数据标准来描述各种网络资源，形成人机可读，并可以由计算机自动处理的文件。RDF 的目标是建立一个供多种元数据标准共存的框架。在这个框架中，能够充分利用各种元数据的优势，“并能够进行基于 Web 的数据交换和再利用”。因此，RDF 的关键是框架结构。

RDF 框架由三个部分组成: RDF Data Model、RDFSchema 和 RDF Syntax。DataModel 形成对资源的形式描述；Schema 定义描述资源时需要的属性类及其意义、特性；Syntax 则把形式描述通过其宿主语言 XML 转换成机器可以理解和处理的文件。

◆ 资源：所有在 Web 上被命名、具有 URI(Unified Resource Identifier ,统一资源描述符)的东西。如网页、XML 文档中的元素等。资源可以是 Web 的一个页面，也可以是不能通过 Web 直接访问的对象，比如一本书。

◆ 属性：属性用于描述资源的特定方面、特征、属性和关系。每个属性具有特定的含义，定义其允许值，可描述的资源类型，其他属性的关系。

◆ 声明：一个特定的资源加上该资源命名的属性及属性的值构成一个 RDF 声明。声明的这三个独立部分分别称为主体、谓词和客体，声明的客体可以是另一个资源或者文字。

3.4.2 RDF 的语法特点

RDF 资料模型只是一个抽象与概念的框架，要真的能够承载或交换元数据，需要通过具体的语法。RDF 以 XML 作为编码与传输的语法，此外，RDF 也需要透过 XML 的名称空间(Namespace) 来指定宣告属性(Property) 词汇的模式(Schema)。RDF 规格提供了两种 XML 语法来对 RDF 资料模型进行编码：第一种称为序列语法(Serialization syntax)，是以正规的方式来表达完整的 RDF 资料模型；第二种称为简略语法(Abbreviated Syntax)，是以较精简的方式来表达 RDF 资料模型的一部分。理想的状况是希望 RDF 解释器(Interpreter) 能够支持这两种语法，让 Metadata 的作者能自由混合使用。

3.4.3 RDF 的容器(Container) 机制

我们除了描述单一的资源，有时也需要描述一群的资源，比如说，某个新闻组(News Group) 可能包含了许多成员,某本书可能有多个作者，某个软件可能有许多个下载地址。RDF 容器就是用来包装或装载一群资源的机制, RDF 定义了三种形态的容器：

◆ 封装(Bag)：用来包装一群没有顺序性的资源。Bag 通常用在一个属性(Property) 有多个值(Value)，而这几个值的先后顺序并不重要，例如通信录可能包含了许多姓名。Bag 所包含的值要在 0 个以上，也就是可以不包含值，也可以有多个重复的值。

◆ 顺序(Sequence) ：用来包装一群有顺序性的资源。Sequence 通常用在一个 Property 有多个值，而这些值的先后顺序是重要的，例如一本书如果作者在一个以上，可能有必要区分出主要作者、次要作者。Sequence 所包含的值要在 0 个以上，也就是可以不包含值，也可以有多个重复的值。

◆ 选择(Alternative)：Alternative 通常用在一个 Property 有多个值可以选择，例如某个软件可能提供许多个下载网址。Alternative 所包含的值要在一个以上，而第一个值是预设值。

3.4.4 RDF 模式(Schema)

综上所述，RDF 数据模型，就命名属性和值而言，为描述资源间相互关系定义了一种简单的模型。可以认为 RDF 属性是资源的属性，对应于传统的属性与其值的组合，RDF 属性同样代表了资源间的关系。因此，RDF 数据模型和实体-关系模型类似。但是，RDF 数据模型没有提供机制来说明这些属性，也没有提供机制来定义这些属性和其他资源间的关系。RDF 模式用于完成这些任务。

RDF Schema 的作用就像是一部辞典， 宣布一组词汇，也就是在 RDF Statement 中可以使用的 Properties，并描述每个 property 的意义、特性，以及 Property value 的限制。

RDF Schema 可以是为了让人阅读的描述，也可以是机器可以处理的表示法，如果是后者，则应用程序便可以直接透过 RDF Schema 来了解每个 Property 的意义，并作自动化处理。机器可以处理的 RDF Schema 也是以 RDF 资料模型为基础。

● 核心类

下述资源是作为 RDF 模式词汇一部分的核心类。每一个运用 RDF 模式名字空间的 RDF 模型都(隐含的)包含它们。

rdfs:Resource：由 RDF 表达式所描述的所有东西都被称为资源，并被认为是 rdfs:Resource 类的实例。

Rdf:Property：表示称为属性的 RDF 资源的子集。

Rdfs:Class：它对应于一般的类型或分类的概念，与面向语言中的类相似。

● 核心属性

rdf:type：它指示资源是类的一个成员，因此具有类的成员所希望具有的所有特征。当一个资源具有这个属性，并且其值是某些特定的类时，就认为资源是指定类的一个实例。

rdfs:SubClassOf：这一个属性说明类间的一个子类/超类关系。这个属性是可以传递的。比如说：如果 A 是 B 的子类，B 是 C 的子类，那么 A 是 C 的子类。

rdfs:subPropertyOf：这个属性是 rdfs:Property 的一个实例，它用于说明一个属性是另一个属性的特殊化。一个属性可能是零个、一个或多个属性的特殊化。

rdfs:seeAlso：这个属性说明一个资源可能提供关于主题资源的附加信息。

rdfs:isDefineBy：这个属性是 Rdfs:seeAlso 的子属性，指示了定义主体资源的资源。

- 约束

RDF 模式规范引入了一个 RDF 词汇来声明使用 RDF 数据中属性和类的约束。比如说一个 RDF 模式可能描述对属性值类型的限制，让其对某一属性有效；或者描述对类的属性的限制，对这些类这些属性是有意义的。

约束的一些例子包括：

一个属性的值应当是一个指定类的资源，称为一个指定类的资源，被称为一个范围(range)约束。

一个属性可能用在某一类资源上，这被称为领域(domain)约束。

下面用一个例子来说明 RDF 的使用，如图 3-4 所示，在这个例子中我们主要使用了 subclass 属性，说明了 MotorVehicle，Truck，PassengerVehicle 之间的关系。

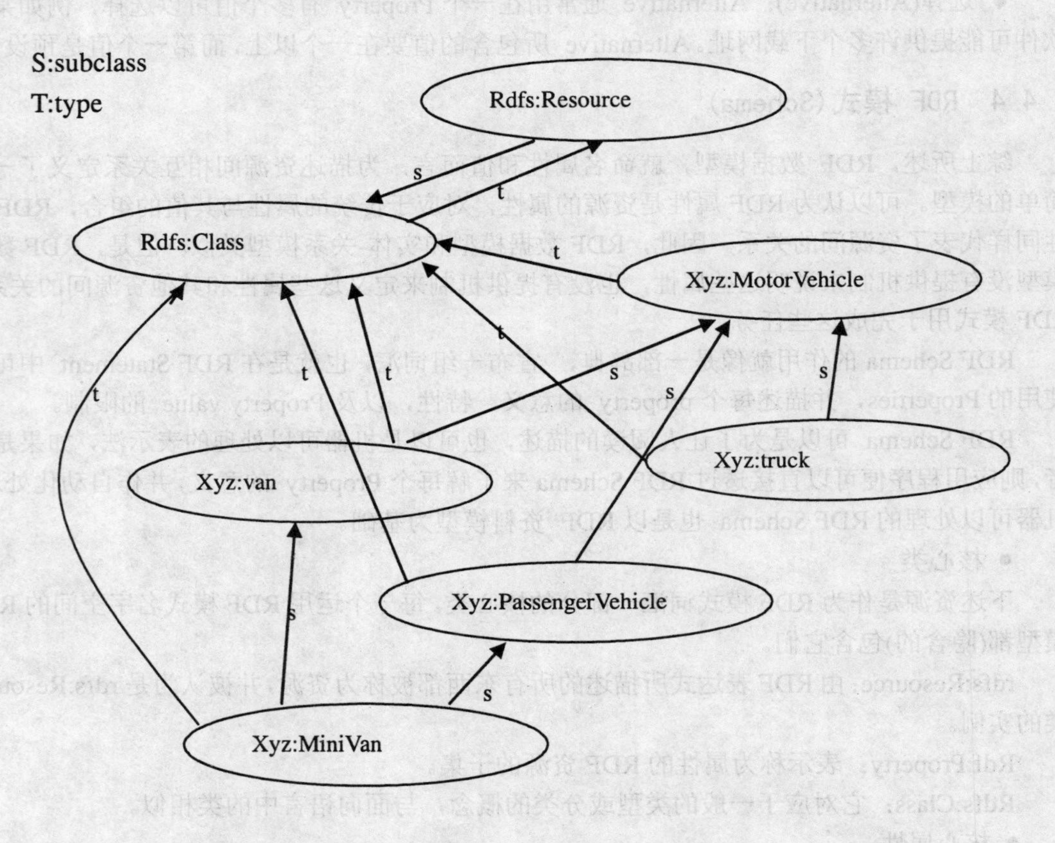

图 3-4　RDF 示例

以下是此示例的 RDF 代码：

```
rdf:RDF xml:lang="en"
    xmlns:rdf="http://www.w3.org/1999/02/22-rdf-syntax-ns#"
    xmlns:rdfs="http://www.w3.org/2000/01/rdf-schema#">
<!-- Note: this RDF schema would typically be used in RDF instance data
```

```
    by referencing it with an XML namespace declaration,   for example
    xmlns:xyz="http://www.w3.org/2000/03/example/vehicles#".   This allows
    us to use abbreviations such as xyz:MotorVehicle to refer
    unambiguously to the RDF class 'MotorVehicle'. -->
  <rdf:Description ID="MotorVehicle">
   <rdf:type resource="http://www.w3.org/2000/01/rdf-schema#Class"/>
   <rdfs:subClassOf
    rdf:resource="http://www.w3.org/2000/01/rdf-schema#Resource"/>
  </rdf:Description>
  <rdf:Description ID="PassengerVehicle">
   <rdf:type resource="http://www.w3.org/2000/01/rdf-schema#Class"/>
   <rdfs:subClassOf rdf:resource="#MotorVehicle"/>
  </rdf:Description>
  <rdf:Description ID="Truck">
   <rdf:type resource="http://www.w3.org/2000/01/rdf-schema#Class"/>
   <rdfs:subClassOf rdf:resource="#MotorVehicle"/>
  </rdf:Description>
  <rdf:Description ID="Van">
   <rdf:type resource="http://www.w3.org/2000/01/rdf-schema#Class"/>
   <rdfs:subClassOf rdf:resource="#MotorVehicle"/>
  </rdf:Description>
  <rdf:Description ID="MiniVan">
   <rdf:type resource="http://www.w3.org/2000/01/rdf-schema#Class"/>
   <rdfs:subClassOf rdf:resource="#Van"/>
   <rdfs:subClassOf rdf:resource="#PassengerVehicle"/>
  </rdf:Description>
  </rdf:RDF>
```

从上面的例子我们可以看出RDF(S)来描述本体具有很多优点，它比XML具有更丰富的语义，从描述的结构上来看，它不仅描述了层次关系，还可以描述不同资源之间的关系，这样就使描述的图结构的边具有了语义，而不像XML描述的图那样，边是没有意义的。另一方面，RDF还可以描述资源之间的约束。这种强大的功能更适合描述本体。

（1）简单。RDF使用简单的资源-属性-值三元组，所以很容易控制，即使是数量很大的时候。这个特点很重要，因为现在资源越来越多，如果用来描述资源的元数据格式太复杂，势必会大大降低元数据的使用效率。其实从功能的角度来看，完全可以直接使用XML来描述资源，但XML结构比较复杂，允许复杂嵌套，不容易进行控制。采用RDF可以提高资源检索和管理的效率，从而真正发挥元数据的功用。

（2）易扩展。在使用RDF描述资源的时候，词汇集和资源描述是分开的，所以可以很容易扩展。例如，如果要增加描述资源的属性，只需要在词汇集中增加相应元数据即可，而如果使用的是关系数据库，增加新字段有可能造成大量的空间浪费。

（3）开放性。RDF允许任何人定义自己的词汇集，并可以无缝地使用多种词汇集来描述资源，以根据需要来使用，使各尽所能。比如在上个例子里，描述网页资源时用 Dublin Core 描述其作者属性，而在描述作者的姓名时又使用了另外一个专门描述人的词汇集来描述。

（4）易交换。RDF 使用 XML 语法，可以很容易地在网络上实现数据交换。另外，RDF Schema 定义了描述词汇集的方法，可以在不同词汇集间通过指定元数据关系来实现含义理解层次上的数据交换。

（5）易综合。在 RDF 中资源的属性是资源，属性值可以是资源，关于资源的陈述也可以是资源，都可以用 RDF 来描述。这样就可以很容易地将多个描述综合，以达到发现知识的目的。例如，在描述某书籍时指明其作者属性值是另一资源，我们就可以根据描述作者的 URI 来获得作者的信息，如毕业院校等，从而知道这本书是某一院校的毕业生写的，于是在表面上看来没任何关系的两者之间建立了联系，而不需要任何人工的干预。

3.5 面向语义网的本体描述语言 OWL

语义 Web 是对未来 Web 的展望。在语义 Web 中，信息被赋予明确的含义，使得机器自动处理和集成 Web 上的信息更为容易。语义 Web 将构建于 XML 自定义标签模式的能力以及 RDF 灵活的描述数据的方式上。语义 Web 需要在 RDF 之上增加的第一个层次是一种能够对 Web 文档中的术语含义进行形式化描述的本体语言。如果希望机器能够对这些 Web 文档进行有效的推理工作， 这一本体语言必须超越 RDF Schema 的基本语义。OWL 被设计为满足对 Web 本体语言的需求。OWL 是 W3C 一系列与语义 Web 相关的并不断扩大的规范的一部分。OWL 添加了更多的用于描述属性和类的词汇，例如类之间的不相交性（disjointness）、基数（cardinality，如刚好一个）、等价性、属性的更丰富类型、属性特征（例如对称性），以及枚举类(enumerated classes)[46,47]。

OWL 提供了三种表达能力递增的子语言，以分别用于特定的实现者和用户团体。

OWLLite 用于提供给那些只需要一个分类层次和简单约束的用户。例如，虽然 OWL Lite 支持基数限制，但只允许基数为 0 或 1。提供支持 OWL Lite 的工具应该比支持其他表达能力更强的 OWL 子语言更简单，并且从辞典（thesauri）和分类系统（taxonomy）转换到 OWL Lite 更为迅速。相比 OWL DL，OWL Lite 还具有更低的形式复杂度。

OWL DL 用于支持那些需要最强表达能力而需要保持计算完备性（computational completeness，即所有的结论都能够确保被计算出来）和可判定性（decidability，即所有的计算都能在有限的时间内完成）。OWL DL 包括了 OWL 语言的所有语言成分，但使用时必须符合一定的约束，例如，一个类可以是多个类的子类时，但它不能同时是另外一个类的实例。OWL DL 这么命名是因为它对应于描述逻辑，它是一个研究作为 OWL 形式基础的逻辑的研究领域。

OWL Full 支持那些需要尽管没有可计算性保证，但有最强的表达能力和完全自由的 RDF 语法的用户。例如，在 OWL Full 中，一个类可以被同时看为许多个体的一个集合以及本身作为一个个体。它允许在一个本体增加预定义的（RDF、OWL）词汇的含义。这样，不太可能有推理软件能支持对 OWL FULL 的所有成分的完全推理。

在表达能力和推理能力上，每个子语言都是前面的语言的扩展。这三种子语言之间有如下关系成立，但这些关系反过来并不成立。

◆ 每个合法的 OWL Lite 本体都是一个合法的 OWL DL 本体；

- 每个合法的 OWL DL 本体都是一个合法的 OWL Full 本体；
- 每个有效的 OWL Lite 结论都是一个有效的 OWL DL 结论；
- 每个有效的 OWL DL 结论都是一个有效的 OWL Full 结论。

使用 OWL 的本体开发者要考虑哪个子语言最符合他的需求。选择 OWL Lite 还是 OWL DL 主要取决于用户在多大程度上需要 OWL DL 提供的表达能力更强的成分。选择 OWL DL 还是 OWL Full 主要取决于用户在多大程度上需要 RDF Schema 的元建模（meta-modeling）机制（如定义关于类的类和为类赋予属性）；使用 OWL Full 相比于 OWL DL，对推理的支持是更难预测的，因为目前还没有完全的 OWL Full 的实现。

OWL Full 可以看成是对 RDF 的扩展，而 OWL Lite 和 OWL DL 可以看成是对一个受限的 RDF 版本的扩展。所有的 OWL 文档（Lite，DL，Full）都是一个 RDF 文档；所有的 RDF 文档都是一个 OWL Full 文档，但只有一些 RDF 文档是一个合法的 OWL Lite 和 OWL DL 文档。因此，用户在把 RDF 文档转换到 OWL 文档时必须谨慎。当 OWL DL 或 OWL Lite 的表达能力认为是适当时，必须注意原来的 RDF 文档是否满足 OWL DL 或 OWL Lite 对 RDF 的一些附加的限制。其中，每个作为类名的 URI 必须明确地声明类型为 owl:Class (属性也类似)，每个个体必须声明为属于至少一个类 （即使只有 owl:Thing)，用于类、属性，个体的 URI 必须两两不相交。

3.6 本章小结

本章重点介绍了本书所需要的本体知识。首先基于本体的知识表示机制进行了综述性小结，然后重点介绍了本书所需要的几种本体表示机制，包括基于 F-Logic 的本体表示机制、RDF/RDFS，最后介绍了 OWL 语言。

第四章 信息集成机制研究

4.1 集成机制概述

4.1.1 两种信息集成机制

信息集成技术发展到今天，已经积累了很多经验，也产生了许多成功的集成方法，从早期主要针对关系数据库的ODBC、联邦数据库等方法到新出现的跨平台对多种类型的数据进行集成的技术，例如三层体系结构、DCOM/CORBA以及微软提出的建立在OLEDB基础上的通用数据访问架构(UDAA)等，都可以对多种异构数据源进行集成。

从功能上看，信息集成体系结构主要包括数据接口和功能接口。数据接口是对下的，是面向各原始数据源的接口，主要作用是将原始数据从原有接口中提取出来，转换成适当的格式；而功能接口则是对上的，是面向集成系统的接口，要求把已经转化的数据采用适当的方法表现出来，提交给上层应用。

根据数据接口和功能接口的耦合程度，可以将信息集成的方法分为虚拟视图法（又称中介者法）和公共数据仓库（又称物化法）法[48]。

1. 虚拟视图法

如图4-1所示，中间集成系统根本不实际存储数据，数据仍驻留在各自原有的系统中，当客户端发出查询请求时，集成系统仅是简单地将查询发送到适当的数据源上，即系统应能自动地将用户对集成模式的查询请求转换成对各异构数据源的查询。图4-1中右边的图示是单个包装器的结构，包装器作为一个枢纽，完成了原有系统到新的应用系统的接口功能，包括数据接口和功能接口，二者联系紧密，一般不把它们在物理上分开。数据接口实现原有系统的数据提取并转换成集成系统可接受的数据形式，功能接口则依据集成需求约束实现与集成系统的衔接。每增加一种数据源就必须添加相应的包装器，各包装器在集成系统内部的转换逻辑上是彼此独立，互不相同的。包装器方法的处理有其灵活性，主要任务由集成中间层承担，集成系统不必重复存储大量数据，而且能够保证查询到最新数据，数据源的变化对用户透明。现有的一些基于CORBA的异构信息集成解决方案就是包装器方法的典型应用。这种方法的局限性在于，随着数据源的增加，由于异构带来的语义问题会异常复杂，中间层对多数据源的访问都要经过几个数据层次的转换，性能将会受到影响；用户请求数目的增加，也会加重中间层的负担，另外，各数据源由于不能保证同步工作，当有些数据库系统处于关闭状态时，用户的请求将不能得到及时响应。同时由于中间层程序的复杂性，增加了开发难度。

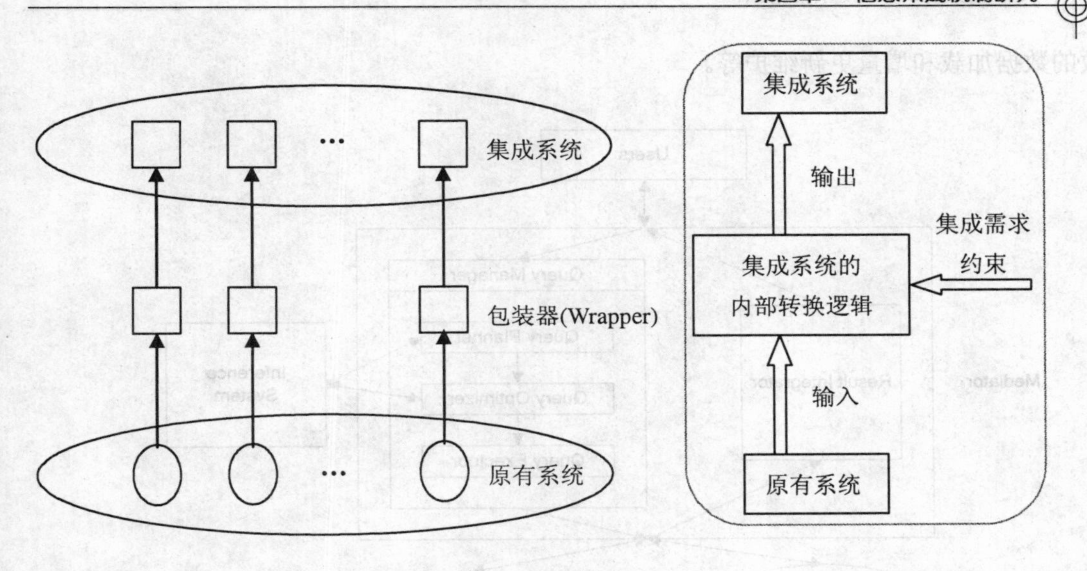

图 4-1 虚拟视图信息集成方法及包装器（Wrapper）结构

本书主要采用这种方法来实现信息集成，下面简要介绍一下分布式环境下基于虚拟视图法数据查询模型及相应的流程。图 4-2 是一个基于数据查询中介者（Mediator）结构的分布式数据处理的示意图，在中介者（Mediator）模式下，用户的查询请求通过分布于各信息源的 Wrapper 来进行处理。Mediator 对用户的处理主要包括四个步骤:

① 制定查询规划。即根据用户的请求生成相应的查询规划，由查询管理器（Query Manager）的 Query Planner 来负责完成。

② 对查询进行优化。优化查询过程，提高查询效率，由 Query Optimizer 负责完成。

③ 执行查询。由 Query Executor 负责完成对查询的执行。

④ 结果集成，收集来自于各节点的查询结果，以一定的格式返回给用户。

2. 公共数据仓库法

虚拟视图法的数据接口和功能接口紧密联系在一起，作为一个整体完成信息集成任务；而在公共数据仓库法中，数据接口和功能接口是完全分离的，连接二者的中间部分是公共数据仓库。从图 4-3 可以看到，数据接口和功能接口是围绕着公共数据仓库这个核心来组织的。

采用公共数据仓库法，就是在用户提出查询之前，把需要共享的信息从各个数据源中提取出来预先转换成统一模式，这样，异构环境在公共数据库上得到了统一，再由集成系统提供对公共数据库的数据访问机制。图 4-4 是采用公共数据仓库的集成结构，数据接口在把数据从原有系统转换到新系统时只涉及一个原有系统，使得数据接口的功能明确而单一。然后，通过相应的转换机制进行总体数据规划，形成一个集成的主题数据库。因此，这种集成方法必须具备数据接口、总体数据规划和功能接口三个功能。其中，总体数据规划是核心。由于各个独立的原有应用系统在公共数据库上取得一致，为多个原有应用系统的紧密集成奠定了基础；此外，通过对已经转换的数据进行总体规划，可以弥补原有系统的缺陷和不足，提供高级层次的决策支持，是一种本质上更为积极的信息集成方案。该方法存在的问题是，数据在公共数据库中被重复存储，当原有信息源的数据发生变化时，公共数据库中的数据也要作相应的修改，这种间接访问方式使得数据更新不及时，因此通常需要一些新技术的支持，如有效的数据加载和增量更新维护等。

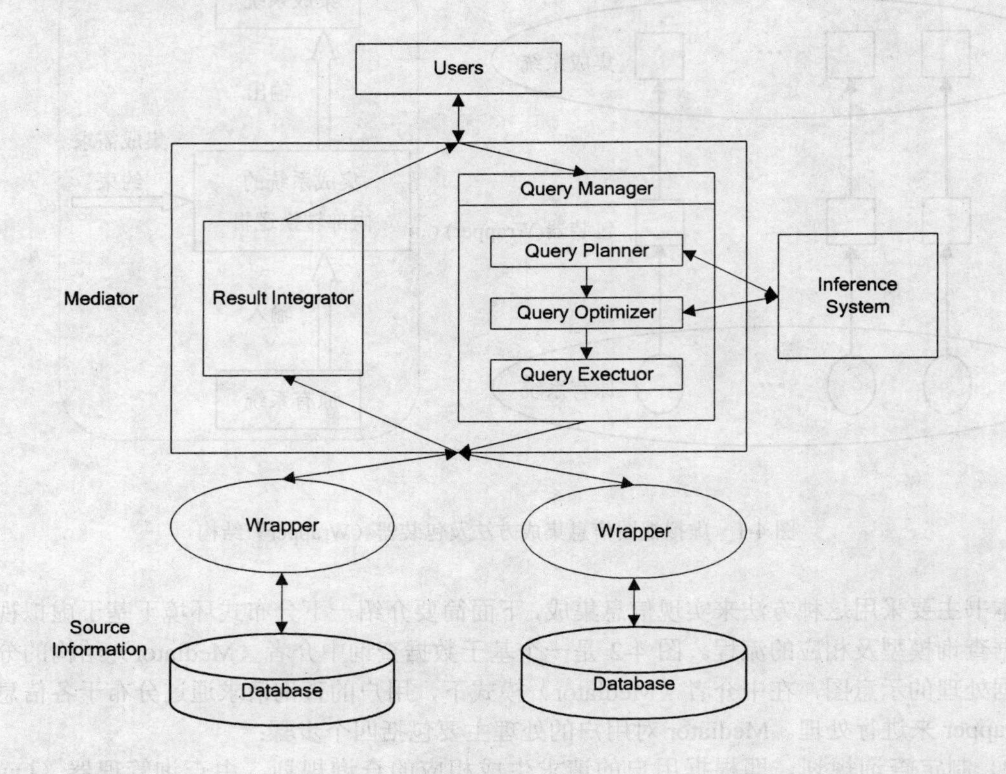

图 4-2 基于 Mediator 结构的分布式数据查询示意图

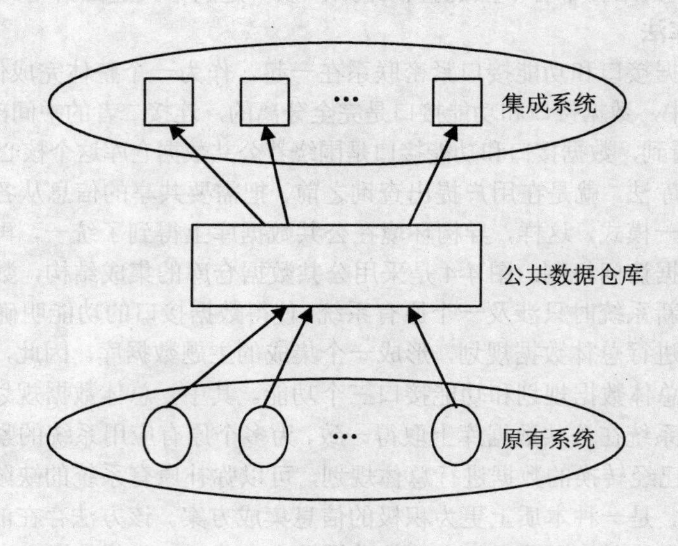

图 4-3 公共数据仓库集成方法

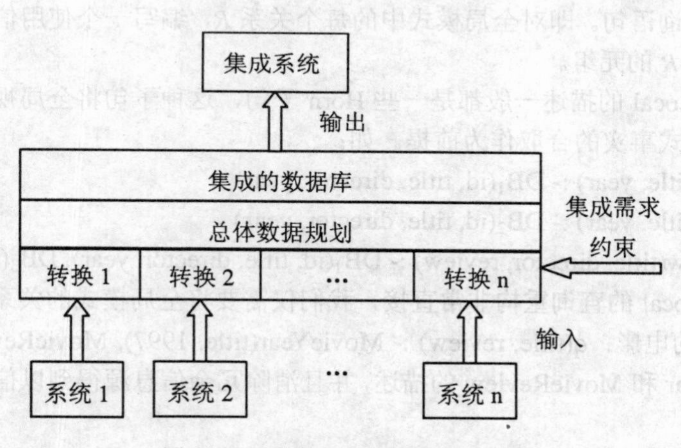

图 4-4 公共数据仓库集成体系结构

4.1.2 信息集成模型的形式化描述

目前，被大家所普遍认可的形式化方法是意大利的 Maurizio Lenzerini 等倡导的三元组方法[49]，下面将讨论基于此方法的信息集成的逻辑框架。

由于信息集成系统主要由全局模式、一系列源模式和它们之间的映射组成，那么一个信息集成系统 I 可以形式化为一个三元组 (G, S, M)，其中，

① G 是全局模式，用语言 L_G 来表示，L_G 是基于字母表 A_G 上的，A_G 包含了 G 中每个元素的符号（ 即如果 G 是关系型的，则为关系；如果 G 是面向对象型的，则为类，等等)。

② S 是源模式，用语言 LS 来表示，LS 是基于字母表 AS 上的，AS 包含了 S 中每个元素的符号。

③ M 是 G 和 S 之间的映射，由一系列如下形式的断言组成：

$q_S \rightsquigarrow q_G$，$q_G \rightsquigarrow q_S$

其中，q_S 和 q_G 分别是源模式 S 上和全局模式 G 上的查询，它们有相同的算子。查询 q_S 由基于字母表 A_S 上的查询语言 $L_{M,S}$ 来表示，查询 q_G 由基于字母表 A_G 上的查询语言 $L_{M,G}$ 来表示。断言 $q_S \rightsquigarrow q_G$ 表示：源上的查询 q_S 表示的概念对应于全局模式中查询 q_G 表示的概念（断言 $q_G \rightsquigarrow q_S$ 的含义，依此类推)。

这里，信息集成系统 I 的查询根据全局模式 G 提出，用基于字母表 A_G 上的查询语言 L_Q 来表示。从集成系统所呈现的虚拟数据库中抽取哪些数据，这是查询企图提供的说明。根据映射方式的不同，提出了两种基本的建模方式：GAV[50,51] 和 LAV[52,53,54]。

4.2 集成环境下的数据访问机制

集成信息环境下的数据访问机制是如何通过查询重写（或称为查询重构）制定相应查询规划[55]。重构问题即是查询规划的生成问题。文献[56]总结了信息集成中的几个核心问题和解决方法，并根据规划的模式规格和重构算法，将查询重构划分成四类：

1. 全局视图（Global as view）

这种方法也称为全局转局部方法（Global As Local)，其将全局视图模式关系定义为局部

视图模式上的查询语句。即对全局模式中的每个关系 R，编写一个使用信息源关系的查询语句指定如何获得 R 的元组。

Global As Local 的描述一般都是一些 Horn 子句，这种子句将全局视图模式关系作为结论，以信息源模式事实的合取作为前提。如：

MovieYear(title, year) :- DB_1(id, title, director, year)

MovieYear(title, year) :- DB_2(id, title, director, year)

MovieReview(title, director, review) :- DB_1(id, title, director, year), DB_3(id, review)

Global As Local 的查询重构非常直接，我们仅需要将全局模式的关系展开。如，我们需要查找 1997 年的电影：q(title, review) :- MovieYear(title, 1997), MovieReview(title, review)，则展开 MovieYear 和 MovieReview 的描述，并且消除冗余信息源得到以信息源关系定义的查询：

q(title, review) :- DB_1(id, title, director, year), DB_3(id, review), year=1997

Global As Local 的缺点是构造和维护全局模式的关系非常困难，因为全局模式由信息源模式所定义，不同信息源的增加和修改，都会引起全局模式关系集的变化。这种方法比较适用于信息源比较固定而且完备的领域。采用这种方法的系统有 TSIMMIS[50]等。

2. 局部视图（Local as view）

这种方法也称为局部转全局方法（Local As Global），其将信息源描述为使用全局模式关系的语句。即对每个信息源 V，编写一个使用全局模式关系的规则来指定哪些元组属于 V。

Local As Global 描述中，每个信息源都被看成使用全局模式的一个查询的视图，如：

V_1(title, year, director) :- Movie(title, year, director, genre), American(director), year≥1960, genre = Comedy

V_2(title, review) :- Movie(title, year, director, genre), year≥1990, Review(title, review)

而用户查询则被看成使用全局模式的视图，如：

q(title, review) :- Movie(title, year, director, Comedy), y≥1950, Review(title, review)

Local As Global 这种方法来源于数据库领域中使用视图回答查询的方法，基本思想是将信息源视图倒置，生成重构规则（这种规则与 Global As Local 方法中的 Horn 子句相似），然后展开全局模式关系的描述得到重构查询。需要注意的是，信息源视图倒置时原规则结论部分中出现的变量不变，而前提部分中不在结论部分出现的变量以新的函数形式 $f(X_1,\cdots,X_m)$代替（其中 X_i 是原结论部分的变量）。如上例得到的倒置规则是：

Movie(title, year, director, genre) :- V_1(title, year, director)

Movie(title, f_1(title, review), f_2 (title, review), f_3(title, review)) :- V_2(title, review)

Review(title, review) :- V_2(title, review)

这时可以将用户查询的本体中的全局模式关系展开，得到只包含信息源关系的查询：

q(title, review) :- V_1(title, year, director), V_2(title,review), y≥1950

Local As Global 是一种非常复杂的方法。已经证明，即使在用户查询和描述信息源的语句都是合取形式的情况下，Local As Global 问题也是关于信息源描述和用户查询大小的 NP 完全问题。不过，在合取查询和其他一些情况下，重构问题仍然是关于信息源数量大小的多项式复杂度问题。

使用 Local As Global 方法时，会遇到几种有趣的现象。一个是重构得到的查询可以是递归查询。另外一个更有趣的现象是不少信息源只能在一定的捆绑模式（Bind Patterns）下访

问。这种现象是由实际情况引起的，因为不少信息源都以网站中的一个专门的查询窗口作为接口，这个查询窗口中含有一些必须赋值的窗口对象。在描述 Local As Global 算法的大部分文献中，都提到解决捆绑模式的问题。

Local As Global 方法的缺点是计算比较复杂，不过它是一种非常灵活的方法，能够充分地指定信息源内容的约束，使每个信息源都可以独立建模，即增加和修改信息源都不会改变原有的全局模式关系。

3. 描述逻辑（Description Logics）[27,57]

Lobal As Global 和 Global As Local 方法都有共同的特点，即它们都只考虑模式转换问题，而没有考虑信息对象的关系问题。在网络信息集成中，信息对象之间的逻辑关系是非常重要的。以上两种方法都把这个问题留给后台的知识库管理系统处理，这使它们与知识库的关联非常松散，组织成一个实用系统比较困难。基于这种情况，不少系统（如 Information Manifold[58]和 PICSEL[59]）采用了比视图描述更加通用的描述逻辑（Description Logics）来解决查询重构的问题。

使用描述逻辑方法，全局模式和信息源模式都被描述为特定的描述逻辑的术语。描述逻辑拥有比视图描述更强的描述能力。它除了能够描述各信息源的内容与全局视图中类、属性、关系的联系外，还能够描述信息源的性能、数据的约束条件、信息对象类的逻辑推导和层次关系等。总的来说，描述逻辑是本体的一种描述语言，其表达能力是相当强大的。Information Manifold 和 PICSEL 中可以描述类的包含关系（形如 $C \leq D$）和类的定义规则（形如 $A:=D$），其中 A 是类名，C 和 D 是类描述。类描述可以由以下方式递推生成：

$C, D \rightarrow \sim C \mid C \cap D \mid (\text{all } R\ C) \mid (\geq n\ R) \mid (\leq n\ R)$

其中 C,D 都是类描述，R 是角色（一种二元关系），$(\text{all } R\ C)$定义为$\{d \mid \text{all } e: (d, e) \in R \rightarrow e \in C\}$，$(\geq n\ R)$定义为$\{d \mid \#\{e \mid (d, e) \in R\} \geq n\}$，$(\leq n\ R)$定义为$\{d \mid \#\{e \mid (d, e) \in R\} \leq n\}$，#表示集合的势。

4. 规划算子（Planning operators）[60]

信息源描述成一个规划操作符集，查询重构看成是一个规划问题。有一些系统（如 SAGE）就是将解答用户查询的问题转化成规划问题，而采用特定的规划器来解决的。文献[61]中总结了一种查询重构的规划模型，其将用户查询看成一个信息目标。所有的操作都用于管理信息目标，并分成两类：一是数据管理操作，它们提供数据的移动、合并、更新、赋值、选择和计算；二是重构操作，用于将领域术语描述的查询重写成有效信息源术语描述的查询。而有效信息源则作为初始状态的主要描述。在这种规划模型的基础上，文献[61]提出了解决这种规划问题的规划器的特点，并描述了有效生成高质量信息采集规划的控制知识和评价函数。

4.3 半结构化信息集成机制

4.3.1 半结构化数据描述

对于半结构数据的模式，目前已经提出了多种描述形式。比较有代表性的有两种：

（1）基于逻辑的描述形式。如一阶逻辑、描述逻辑以及 Datalog[62]等，这些描述非常类似，但在表达能力等方面则有所差别。一阶逻辑对于半结构数据来说过于简单，从而不能很

好地适应半结构的需求，另外一阶逻辑很可能导致不可判定性或难处理性。描述逻辑是上世纪 80 年代早期提出的，在人工智能、软件工程和数据库领域，已被用来作为知识表示的工具，同样可用于描述半结构化数据模式。Datalog 是一种数据库语言，也可以看做是一种基于逻辑的数据模型。采用 Datalog 规则描述半结构数据模式的主要思想是通过指明应有的入边和出边来对对象的类型进行定义，而这种模式定义即为一组 Datalog 规则。

（2）基于图的描述形式。最典型的就是斯坦福大学提出的 OEM[63,64]模型。由于半结构数据一般采用带标记的有向图表示，所以这种描述形式的一个显著特点是模式与数据采用同一种图模型。模型图通常是一个有根的、边上带有标记的有向图。这种边标记图可与数据图相同，也可以对其进行扩充。模型图中的节点也可以加以一定的注释，表明其代表的语义或其他特定的含义等。要注意的是，基于图的模式描述形式中有两个待研究的问题：①对于给定的数据图，如何判定该图是否与一个给定的模型相符合；②若该给定的数据图与一个给定的模式图的确相符合，则如何得到数据图中的对象与模式图中的类型之间的对应关系。这两个问题都需要更深入地研究，目前对这两类问题的研究主要是使用仿真的概念来解决。

4.3.2 半结构化数据抽取

数据抽取通常采用适配器(Wrapper)技术，适配器是根据特定的生成规则从 Web 数据源中执行抽取的程序。目前，Web 站点上的数据信息一般采用 HTML 描述，抽取规则是基于 HTML 文档格式的。有两种方式：①将文档看做字符流，抽取规则基于分界符，作为分界符的可以是 HTML 标签、特征字符串和标点符号等，根据这些分界符就可以将所需数据抽取出来；②将文档看做树结构，抽取规则基于树路径，首先根据 HTML 标签将文档分析成树结构，再通过规则中的路径在树中搜索相应的节点，最终得到所需数据。适配器与数据源的格式密切相关，对不同格式 HTML 文档的抽取就需要使用不同的抽取规则，因而每个数据源都需要有各自的适配器。适配器的生成方法可以分为 4 类：①手工编写适配器程序语言的方式，典型例子是 TSIMMIS[50]，抽取过程是基于过程化的程序，但是抽取结果要依赖于文档的结构。②机器学习的方法，根据用户提供的一组例子以及用户标记的信息，从大量的 Web 页面中的正例和反例中学习。③受指导的交互式适配器生成方法，提供可视化的向导方式进行适配器生成。用户可以通过浏览的方式来标记文档，提示例子映射关系。系统经过归纳生成抽取规则，用户可以查看所抽取的数据是否合适以判断抽取规则是否准确。如果不合适，用户可以提供新的页面，重新生成抽取规则，如 Lixto[65]和 SG-WRAP[66]。④自动抽取的适配器，如 EXALG 采用公共模板的形式来抽取 Web 信息，它实现了在给定页面集的情况下，自动地抽取结构化数据[67]。

上述方法各有弊端：所有手工的适配器生成方法对生手来说都很难使用。机器学习方法的缺点在于需要大量的例子页面，适配器表达能力有限。受指导的交互式适配器生成方法也需要与用户的交互时间。自动抽取的适配器，缺点主要存在于几个重要的假设：它假设了大量的在模板上产生的标记有惟一的角色、等价类都是有效的、每个类型构造器都已经被实例化等。另外，所有适配器生成方法都存在一个共同的问题：当 Web 页面格式发生变化时，适配器就会失效，这就提出了适配器维护的问题。适配器的维护主要涉及两个问题：变化数据项的识别和抽取实例的获取。因此，需要新的研究方法来简化适配器生成过程，提高适配器对动态页面变化的自适应能力。研究快速有效地自动生成适配器的方法，有助于减小维护的代价。

4.3.3 半结构化数据查询

由于半结构数据的结构不完全及不规整等特点，直接使用传统查询语言是不合适的。半结构数据查询语言应当自动地使用户从严格的类型约束中解脱出来。也就是说，当在不清楚数据的结构类型时，能够使用路径表达，通过“导航”的方式来遍历数据图。半结构数据查询语言还应当具有对半结构数据的重构能力。目前已经开发出了几种用于半结构数据的查询语言，如 Lorel[68]、WebSQL[69]、WebOQL[70]及 Stru-QL[71]等。这些查询语言的共同特点是，通过使用正则路径表达式，可以遍历数据中任意长度的路径。因此，这种查询语言是递归的。由 AT&T 实验室开发的 XML-QL[7]是一种可以对 XML 数据进行查询的语言，并且利用 XML-QL 的查询方式可以实现 XML 数据的抽取、转换和集成。

4.4 本章小结

本章对信息集成机制进行了综述性介绍。首先介绍了信息集成的两种机制及相应的形式化描述，然后重点讨论了信息集成的访问机制，最后介绍了半结构化信息集成的几个问题。

第五章 OBSA半结构化信息集成原型系统

信息系统的广泛应用和互联网技术的发展，促进了人们对完整获取分布、异质信息的需求，特别是完整获取半结构化甚至非结构信息的需求，这就促进了信息集成（Information Integration）技术的产生。基于非结构化的信息集成过程一般包括信息源描述、信息采集、信息过滤与清洗及信息存储等。然而，信息集成技术并不仅仅是为各个信息源提供一个接口就可以简单实现的，更重要的是如何构建全局环境下各信息源之间的互操作性，由于各信息源表示机制的不同以及语义环境的不同，这个过程可能会非常困难。

利用本体来描述隐藏于非结构化信息之中的语义信息及知识，并通过这些语义信息来克服不同节点之间的语义的异构性是目前比较普遍的解决方案。XML 语言由于其良好的信息交换能力，不仅成为 Web Services 和语义网技术的基础，在信息集成技术中也起着越来越重要的作用。本章和下一章的主要目的就是假定集成环境中各信息源可以采用或转化成 XML 表示的情况下，如何利用本体解决信息集成中语义异构的问题。主要需要考虑两个方面的问题。

第一方面的问题是在一个信息集成环境下，如何查询基于 XML 的集成信息资源。这个问题不需要进行太多的讨论，因为信息查询可以通过已经广泛使用的 XML 查询技术进行处理，如 DOM API、SAX、XPath/XQuery 等。但是，SAX 过于简单，不适合进行复杂的查询，DOM 提供了完整的信息访问机制，但这种访问机制的风格过于偏向过程化的编程语言，数据访问过多地依赖于所访问的内容及其存储格式，限制了其应用范围。XQuery、XUpdate 等基于 XPath 的语言由于兼顾了过程化编程语言和结构化查询语言的特点，成为信息集成信息访问机制的首选。

另一方面的问题是如何克服各信息节点的语义异构性，并扩展现在的 XML 查询机制使它支持基于语义的信息访问。扩展 XML 代数使之支持基于本体的查询是一种可行的方案，文献[72]在这个方面做出了有益的探索，然而，目前的讨论均建立在一对一的本体映射与集成基础上，存在两个方面的不足：①首先，大多数映射均为复杂的映射，仅仅建立基于简单的一对一映射并不能反映正确的集成结果，例如对于映射：应付款=total(商品单价*购买数量)很难通过一对一映射反映其准确的语义。②其次，通过简单的一对一映射不能有效解决集成环境查询中语义不一致（Semantic Inconsistency）的问题，一个实际概念 C 有属性 a、b、c、d、e、f，本体 $O_1:C_1(a,b,c,d,f)$，本体 $O_2:C_2(a,c,d,e,f)$均反映了实际概念 C 的大部分属性，但均存在缺失（absent），一对一的映射无法解决这种语义不一致的问题。本章和下一章对此主要做了以下工作：

- 设计了一个基于语义适配器的信息集成系统模型，并具体介绍了基于语义的信息表示机制和查询机制。
- 定义了基于语义相似度的本体映射机制，包括直接映射、包含映射和组合映射等。
- 介绍了一个基于复杂映射的本体集成机制，包含本体融合和规范融合机制。

◆　扩展了基于 Pattern Tree 的 XML 代数语言，使它支持基于集成本体的语义查询。

◆　通过基于本体的查询重写机制解决了分布式环境下 XML 查询中部分语义一致问题及语义冗余问题，重点介绍了基于中介者模型的集成环境下查询重写机制。

本章介绍我们设计的一个基于本体的信息集成原型系统 OBSA，重点讨论基于语义的集成系统 OBSA 的实现机制[20,21]。首先讨论了信息集成的语义表示机制，它采用基于 F-Logic 的本体表示语言表示集成节点的语义信息，并实现了一个本体到 XML Schema 的映射算法，提供 XML 信息处理所需要的语义环境，然后探讨了基于语义的集成机制，详细介绍了 OBSA 系统中关于语义集成和查询处理的实现机制。

5.1　总体结构

在 OBSA 系统中，采用了类似于数据集成中的 Mediator 结构构建基于本体的分布式数据存储系统，主要是希望能够达到以下目的：

（1）与数据源存储结构无关性。即整个分布式环境下的数据存取模式不取决于每一个节点的数据存储特性，与数据存储结构无关。支持目前通用的 XML 数据存储模式，包括 Native XML 数据库、XML Enabled 数据库或基于文本方式存储的 XML 数据库，甚至支持 Web Server 模式存储的数据等。

（2）节点即插即用。设计一种通用的分布式体系结构，新增节点可以非常灵活地加入到本分布式存储环境中。

（3）支持目前通用的软件应用体系架构，包括 Web Service 和基于 Web 的数据处理等。

（4）利用本体技术，支持全局节点与子节点之间的语义映射。

为此，设计了一个基于语义适配器模型的分布式数据存储体系结构，这个概念来源于软件工程领域中十分流行的 Adapter 软件设计模式，也参考了.Net 体系中数据存储接口 ADO.NET 中的 Data Adapter 和 J2EE 体系中的 JDBC Data Adapter 组件，整体分布式数据存储体系可通过图 5-1 来描述。

整个分布式存储系统示意图共分为五层，分别描述如下：

OBSA 从逻辑上可以划分为五层，分别是数据源层、中间数据层、语义数据存储层、语义访问接口层和应用层。其中，数据源层可以是各种分布自治系统，如企业内部应用系统、Web 服务器、文件服务器以及关系型或对象型数据库等，语义转换适配器依照特定的机制完成非结构化信息的表示工作，形成 Virtual 中间数据。语义数据集成层则负责将中间数据层的语义数据按照一定的方式组织存储，为接口层提供语义访问的基础，进而为应用层用户提供语义级的统一服务平台，有关这个部分的内容，在后续的内容中将会进行更详细的介绍。

在具体讨论这个分布式模型之前，首先讨论一下本模型对于数据源的假定。我们对数据源层提出的主要要求是有能力用 XML 格式输出数据，为达到这个目标可能需要一些包装过程。资源提供者使用 XML 文档描述各自的非结构化信息，像文本、关系型数据、图像、HTML 页面、视频或声音文件这样的非结构化信息都能够很方便的运用 XML 加以描述，需要强调的是事先假设的异构性，也就是说并不需要 XML 文档遵守任何特定结构，由此完全可将 XML 包装过程留给资源提供者去做（实际上系统也不可能自动为每个数据源完成包装过程）。

非结构化信息源存在于异构的分布式环境中，通常具有不同的数据类型和数据操作；另一方面，每个信息源具有相对稳定的语言环境、相对稳定的模式，不同信息源通常反映现实世界的一个侧面，它们之间在语法和语义上相互不能兼容。为了有效共享这些信息，实现它们之间的互操作，必须给用户提供一个全局的、一致的语义视图，以克服各个信息源之间在语义上的差异。

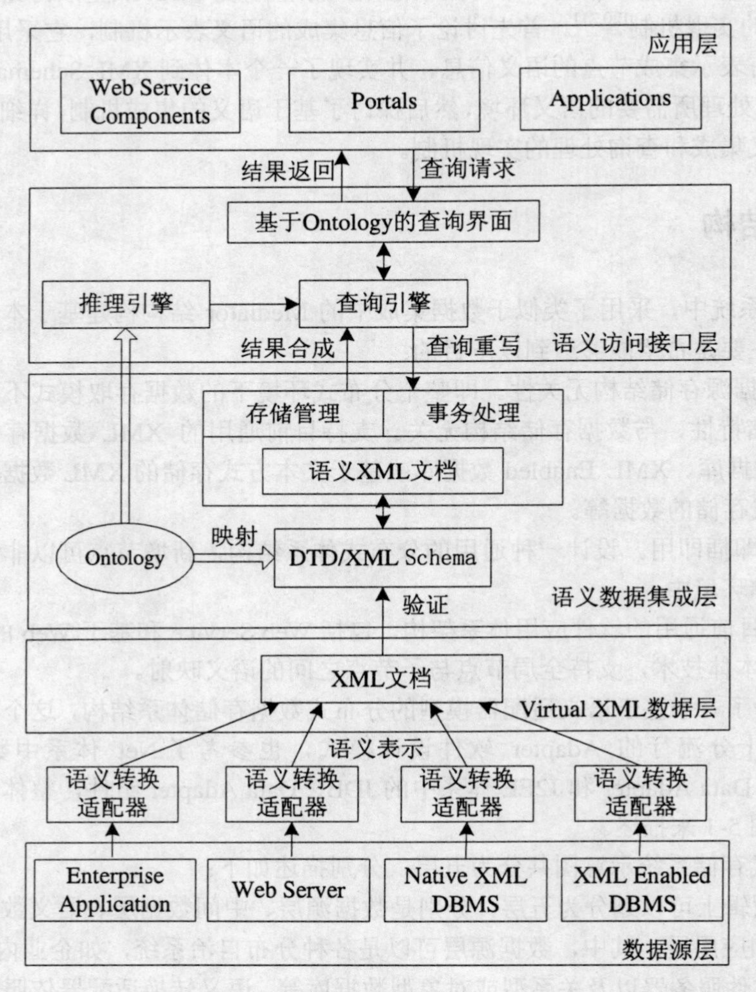

图 5-1　OBSA 分布式数据存储系统示意图

OBSA 采用了自顶向下的语义方法将非结构化信息收集起来，采用统一的方式对数据进行处理，其过程如下：

(1) 本体建立：在领域专家的参与帮助下，建立相关领域的本体作为 OBSA 模型的全局语义视图统一底层各信息源的语义。从图 5-1 中可以看到，本体是 OBSA 的语义核心，它不仅支持集成层中 XML 文档的语义表示，还为访问接口层中的查询、推理等过程提供语义指导。

(2) 信息收集、组织与存储：收集各种非结构化信息，并参照已建立的本体对它们进行语义表示，最后建立统一的虚拟全局存储体系。

(3) 查询处理：对用户查询界面获取的查询请求，按照本体提供的语义约束转换成一定

的形式，在本体的协助下从公共数据仓库中利用某种匹配机制找出符合条件的数据集合。OBSA 采用 F-Logic 描述语言来表示本体，并利用 F-Logic 的逻辑推理能力来完成智能化的语义信息检索。

(4) 检索结果处理：检索的结果经过定制合成处理后，返回给用户。

5.2 表示机制

尽管本体和 XML Schema/DTD 所服务的对象与目的不尽相同：前者用于定义明确的领域概念模型，侧重于知识的语义表达；后者是规范 XML 文档结构的一种手段，侧重于信息的语法描述。但是二者都提供了描述信息的模型及相关词汇集，并同样着眼于系统交互异构性的处理。它们之间有何联系，能否结合二者各自的优势有效建模，同步解决语法、语义的异构性问题？对于这一设想，我们借鉴了数据库领域的多级模型映射理论。

在数据库理论中，概念模型由 E-R 图表示，是对领域中各种概念(包括实体、属性和联系等)及其关系的识别，并最终给出领域知识的抽象模型。数据模型主要有层次、网状和关系模型，数据模型是概念模型在机器世界的具体映射与实现。在此，我们不妨将本体类比为概念模型，而将 XML Schema 类比为数据模型，通过建立前者到后者的映射来获得面向 XML 的语义数据模型，那么，符合该模型完整性约束的 XML 文档在一定程度上体现了本体所反映的概念语义模型，从而可以进入语义统一平台参与共享与集成（见图 5-2）。

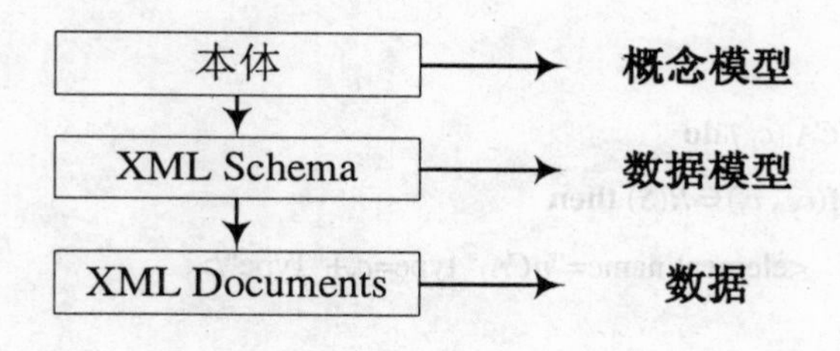

图 5-2 语义理论表示模型

为此，我们在 OBSA 系统中实现了一个基于本体的概念模型构建数据模型的映射算法 OTX(Ontology To XML Schema)。

为方便描述，先对本体的概念模型按以下方式定义：

设有概念模式 S，$S=(C(S), R(S))$，其中：

$C(S)=\{c_1, c_2, \cdots, c_n\}$是一个概念/类的有限集；

$R(S)=\{r_1,r_2, \cdots,r_m\}$是一有限关系集，且 $C(S)\cap R(S)=\varnothing$。

概念 $c_i\in C(S)$对应现实世界中的实体/对象，由一个概念名称和一个属性集组成，属性描述现实对象的静态特性。一般地，$c_i=<n_{ci}, CA(ci)>$，其中属性集 $CA(ci)=\{CA_1, CA_2, ..., CA_p\}$，而属性 CA_i, $i=1, 2, ..., p$，由若干个属性的“名值对”来确定，即 $CA_i=<nCA_i, v_i>$。

关系 $r_j\in R(S)$描述现实世界实体/对象之间的联系，它由名称与参与该联系的 q 个概念的聚集所组成，形式上定义为 q 维笛卡尔乘积的子集，即 $r_j=<nr_j, c_{1j}\times c_{2j}\times ... \times c_{qj}>$，其中 $c_{pj}\in C(S)$, $p=1, 2, ..., q$。基本的关系有四种：part-of、kind-of、instance-of 和 attribute-of，分别表达了概念之间部分与整体的关系、概念之间的继承关系、概念和实例之间的关系以及某个概念是另一个概念的属性关系。

本体概念模型与 XML Schema 数据模型的对应关系为：

- 本体的概念<—>XML Schema 元素；
- 本体的属性<—>XML Schema 相应元素的子元素；
- 本体概念间的关系：

kind-of 关系<—>XML Schema 元素继承机制(关键字 base 和 derivedBy)。

attribute-of 关系<—>XML Schema 元素内容模型的类型限定机制(关键字 type)。

OTX 算法描述如下[73]：

Algorithm 1: OTX(*S*)

Input: $S=(C(S), R(S))$表示解析本体所得到的概念模型；

Output: 概念模型所对应的 XML Schema。

```
1   for each c_i ∈C(S ) do
2     if kind-of(c_i , c_x)∈R (S) then
3         output "<complexType name="+ci+"Type/>"
4     else // c_i 并非初始概念，其父类概念是 c_x
5         output <complexType name=ci+"Type" base=cx+"Type" derivedBy="extension">;
6     end if
7   end for
9   for each CA_j  ∈CA (c_i ) do
10      if attibute-of(c_y , c_i)∈R(S) then
11          output   <element name="nCA_j" type=c_y+"Type"/>;
12    else
13        output   <element name="nCA_j" type="v_j"/>;
14    end if
15  end for
16  output </complexType>;
17  for each c_i ∈C(S) do
18      output <element name="ci" type=ci+"Type"/>;
19  end for
```

算法中，本体解析、获取概念模型的方法要视具体的本体描述语言而定，但后续步骤具有较好的通用性。比如，对于图 3-3 的 F-Logic 本体，其概念模型的 C (S)及 R (S)集合解析如表 5-1 所示。

算法输出的 XML Schema 能基本保持原有本体所描述的整个概念体系，满足 XML Schema 合法性约束的 XML 文档不再是单纯地描述信息语法结构，而是面向语义，能够表达明确的领域知识，包括领域标准概念以及概念之间的关系。

表 5-1　F-Logic 本体的概念模型解析

F-logic 公式	解　释	概念 $C(S)$
$C\ [P_1 =>> V_1;\ P_2 =>> V_2;\ \ldots;\ P_n =>> V_n;]$.	定义概念 C 及其若干属性 $P_i = V_i$	$<c,\{<P_1,V_1>,<P_2,V_2>,\ldots,<P_n,V_n>\}>$
F-logic 公式	解释	关系 $R(S)$
$C_1::C_2$	C_1 是 C_2 的子概念	$kind\text{-}of(C_1,C_2)$
$C_3[A=>>C_4]$	C_3 类的实例具有属性 A，该属性的值必须是 C_4 类的实例。	$Attribute\text{-}of(C_4,C_3)$

5.3　语义适配器的结构

OBSA 采用自顶向下的集成方法，为用户提供了一个基于特定领域本体的统一的全局语义视图，同时，每个数据源都配备有一个语义转换适配器，负责在各自的局部语义模式与全局语义模式之间建立映射，对参与集成的非结构化信息提取出来进行语义表示，预先转换成全局语义模式，使得语义异构的数据环境在集成层上得到语义的统一。

OBSA 的语义数据集成层为用户提供领域本体的同时还针对每个领域本体生成了DTD/XML Schema，作为用户描述相应领域内非结构化信息的语义模板，用户可以在理解集成模式本体的基础上参照 DTD/XML Schema，使用本体提供的概念术语，运用 XML 标记完成各自非结构化信息的语义表示工作，得到的 XML 文档就是符合集成层全局语义模式的语义 XML 文档，可直接存入存储仓库。

上述语义映射方法简便直观，即集成层既定领域本体所给出的概念术语在用户脑海中已经成型，用户根据相应的 DTD/XML Schema 主动描述各自的非结构化信息。该方法的不足在于它把对集成层全局语义模式的理解都留给了人工。可见，在人工预先不清楚本体的情况下，实现全局语义模式和局部语义模式之间映射的自动建立将是未来研究的重点。

不同数据源的局部语义模式对相同概念属性的描述存在不一致性，人工可以一眼就识别出它和本体之间的语义差异，但是要计算机识别却是相当困难的。语义转换适配器要根据文字来自动识别所表达的语义，然后对不同信息源的数据进行正确的匹配映射。目前看来，完全自动化的语义映射是一种理想状态，它的实现有待于人工智能技术和自然语言理解技术等诸方面的不断成熟。因此，本书对于建立局部语义模式到全局语义模式的映射仅作了初步尝试。

各数据源层与全局语义层和全局数据处理层之间通过语义适配器来进行连接，在这个模型中，语义适配器层将主要进行以下工作：

（1）实现对局部节点数据源的描述，包括本体的建立、元数据描述、背景知识的描述等。

（2）对于某些类型的数据源（如 Web Server 等），语义适配器利用构建者提供的本体信息，构建局部信息源的语义模式，这些语义模式以 XML DTD/XML Schema 来进行表示。

（3）实现局部节点与全局节点的映射的处理。这个映射包括全局本体与局部本体之间的映射、全局语义与局部语义之间的映射及相关实例的映射等。

（4）实现对局部节点数据的处理。这些处理包括数据的查询、更新等操作。

（5）对于局部分节点的数据访问优化处理。主要是接受来自全局处理层的数据访问请求，将制定局部数据访问的优化策略、逻辑和物理执行计划等。

（6）局部节点数据访问的事务处理[74,75]。

整个语义适配器可以通过图5-3的模型来描述。

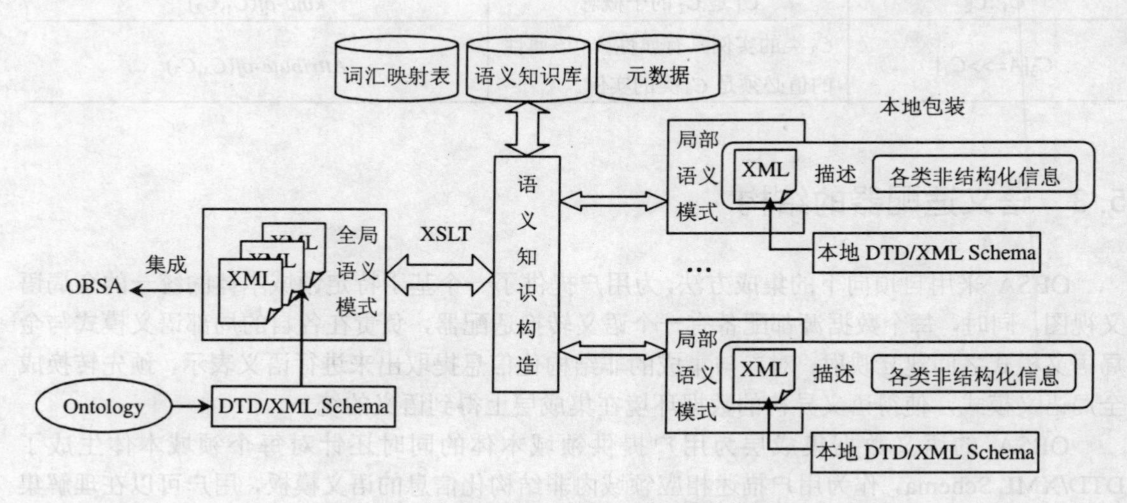

图5-3 OBSA语义适配器示意图

图中语义转换适配器的主要部件包括：

- 语义知识转换器

用以构造模式之间语义映射的知识，根据模式抽取和概念匹配的结果，建立本地语义模式与全局语义模式之间的映射。这些映射的知识存放在词汇映射表中。

- 元数据字典

主要包含信息源的模式、信息源的存储路径、信息源的类型以及提供单位、信息源的域名等描述信息。

- 语义知识库

包含理解全局语义本体中的各概念、属性的语义所需的知识，主要为各种同义、近义词以及中英文对照等，这些知识对概念匹配至关重要。语义知识库能够根据匹配过程的进行自动加以扩充。

◆ 词汇映射表

在不同的局部XML文档中，同一语义的XML标签可能有不同的命名，为取得全局一致的属性含义和数据描述视图，需要定义全局词汇和局部XML标签的等价语义说明表。这个说明表通过某种合适的方式构建，例如由人工构建、语义知识转换器构建，也可以通过基于规则的方法和机器学习的方法来构建。词汇映射表可以通过表5-2来描述。

表 5-2　　词汇映射表结构描述

```
<TItem>
  <STerm>Ontology.Term</STerm>
  <Description>Description of the Concept or Ontology</Description>
  <MappingList>
    <MapItem Type="M"> %Direct Mapping
      %IP Address, Port or Semantic Adapter Service Descrption
      <Source>Source Description</Source>
      <MTerm>Source1.Term</MTerm>
      <Relation>Map1.Relation</Relation>
      <CValue>Confidence Value></CValue>
    </MapItem>
    <MapItem Type="S"> %Subsumption Mapping
      <Source>Source Description></Source>
      <MTerm>Source2.Term1</MTerm>
      ....
      <MTerm>Source2.Termn</MTerm>
      <Relation>Map2.Relation</Relation>
      <CValue>Confidence Value></CValue>
    </MapItem>
    <MapItem Type="C"> %Composition Mapping
      <Source>Source Description></Source>
      <MTerm>Source3.Term1</MTerm>
      <MConcatenate>Term1.Concatenate</MConcatenate>
      ....
      <MTerm>Source3.Termn</MTerm>
      <MConcatenate>Termn.Concatenate</MConcatenate>
      <Relation>Map3.Relation</Relation>
      <CValue>Confidence Value></CValue>
    </MapItem>
  </MappingList>
</TItem>
```

- 语义查询包装器（Semantic Querying Wrapper）

语义查询包装器提供对局部节点语义描述，并通过语义描述对查询提供支持。

5.4 数据访问模式

5.4.1 基于本体扩展的访问语言 FL-PLUS

OBSA 对 XQuery 语言进行了扩展，使之支持基于 F-Logic 的本体语言，主要对查询和更新操作等进行了扩充，本书在介绍时，忽略 XQuery 语言本身所具有的类编程语言风格的部分，仅介绍基于类 SQL 语言的扩展部分。下面分别从查询和更新两方面详细介绍 F-Logic 与 SQL 结合生成 Fl-Plus 语言的扩展规则。

(1) 查询语句扩展规则。本语句扩展规则是在 F-Logic 查询语法基础上，结合 SQL 功能动词和领域本体名称。形式如下：

SELECT FROM 领域本体名称 FORALL OBJ，[变量 1，变量 2，…] <-
OBJ：对象名称[[检索条件]；[赋值语句；…]].

例如：SELECT FROM ONTOLOGY1 FORALL OBJ, NM, EM <-
OBJ: PERSON [MASTER->>"JAVA"; NAME->>NM; EMAIL->>EM].

上述 Fl-Plus 查询语句表示在领域本体 ONTOLOGY1 中查询所有精通 Java 人员的名字和电子邮件信息。利用该本体集合，即使这些符合要求人员信息并不一定存放在同一个 XML 文档中，满足条件的记录都会被检索出来。相应的查询结果经处理后以 XML 文档形式返回，在本系统中还支持用户按个人喜好选择不同的方式显示结果。

(2) 更新语句扩展规则。与 SQL 语言一样，Fl-Plus 的更新操作也包括 UPDATE、DELETE 和 INSERT 三种语句，其扩展规则同样是基于 F-Logic 语法并结合 SQL 功能动词和领域本体名称。

表 5-3 是基于 F-Logic 扩展的语法规范。

表 5-3　　基于 F-Logic 扩展的语法规范

数据更新操作类别	语法规范具体形式
数据修改（UPDATE）	UPDATE 领域本体名称 FORALL OBJ <- OBJ：对象名称[赋值语句；[赋值语句；…]] FORALL OBJ <- OBJ：对象名称[检索条件；[检索条件；…]].
插入数据（INSERT）	INSERT INTO 领域本体名称 FORALL OBJ，[OBJ，…]，变量，[变量，…]<- OBJ：对象名称[[OBJ：对象名称]；[检索条件；…]；赋值语句；[赋值语句；…]].
删除数据（DELETE）	DELETE FROM 领域本体名称 FORALL OBJ，[变量，…] <- OBJ：对象名[[检索条件；…]；[删除元素；…]].

5.4.2 语义检索策略

语义检索强调的是基于知识的、语义上的匹配，它具有一定的逻辑推理能力，根据现有系统所存储的信息集合，挖掘和推理出信息集合中隐含的知识。在 OBSA-AM 系统中，笔者主要借助推理规则和词汇集这两大工具实现非结构化信息的智能提取，提高信息检索的全面和合理可用性。

1. 推理规则

推理规则的定义直接影响信息访问效果，在特定的本体领域制定全面、无歧义、符合逻辑性的推理规则是 OBSA-AM 的技术关键和难点，正如本体的定义一样，不仅需要领域专家的指导，而且很难一蹴而就，需要在实际应用中不断完善，提高其全面性，增强其合理性。图 3-3 所示的本体领域中，存在着以下三条符合逻辑推理规则，用 F-Logic 描述如下：

<1> FORALL Person1, Person2

Person1: Manager [supervises->> Person2] <->

Person2: Programmer [supervisor->> Person1].

<2> FORALL Person1, Person2

Person1: Programmer [cooperatesWith->> Person2] <->

Person2: Programmer [cooperatesWith->> Person1].

<3> FORALL Person1, Domain1, Project1

Person1: Developer [skill->>Domain1] <-

Person1: Developer [develop->>Project1]

AND Project1:Project [background->>Domain1].

符号“<->”表示可双向推导的规则（<-、->则为单向推导规则）。具体而言，规则<1>表示若 Manager 对象实例 Person1 与 Programmer 对象实例 Person2 是监督关系，则 Person2 与 Person1 也存在着被监督关系。第二条规则表示若 Programmer 对象 Person1 与 Person2 具有合作关系，则 Person2 与 Person1 之间同样存在合作关系。规则<3>揭示了若 Developer 对象 Person1 参与项目 Project1 的开发，且 Project1 的背景技术为 Domain1，则 Person1 同样具有 Domain1 知识这一内在联系。对于人类思维，这些关系可以说是一目了然，然而，没有明确的描述，计算机却无法处理这些简单的内在逻辑，推理规则的定义是计算机具备“思维能力” 的必要条件。除此之外，还需要提供一定的规则解析机制使机器“读懂”推理规则的内在含义。笔者通过把 F-logic 描述的推理机制转换成 XML 文档形式存储，同时建立规则属性表，根据该表实现数据操作语言的重写进而支持计算机的智能检索。

2. 词汇集

语义检索，又称概念匹配，其基本思想是：首先识别并抽取表达文档内容的概念形成语义词汇集，然后用词汇集中的概念来表示文档；同样，用户查询也被表达为概念，在两者之间进行概念匹配——匹配在语义上相同、相近、相关联的词语。

根据所深入的语义层次以及所采用的技术，语义检索可以有不同程度的实现。目前，最简单也是最有效的语义检索就是图书情报领域传统的主题概念标引，但需要耗费大量的人力物力，而且具有迟滞性，难以满足当前信息爆炸时代人们的信息需求，而完全自动化的语义检索则还有待于人工智能和自然语言理解技术的进一步发展与成熟。

本书建立的词汇集是基于本体的，也就是说与特定的应用领域相关，它能有效解决主题概念标引的迟滞性问题。本体的组成包含本领域概念层次定义，如图 3-3 所示，概念层次定义是描述本领域对象类的层级体系，即不同对象类之间存在 is-a、kind-of、part-of 等关系，通过这些层级关系从而构成整个领域的对象类体系。下层概念直接继承上层概念。事实上，下层概念是上层概念的子类，或者是存在一定属性限制的子类，如图 5-4 的左文档所示。根据本体的概念层次及相互关系，可知父类对象实例出现的位置均可用子类对象实例代替，例如，检索掌握网络（Network）知识的人员名单，则掌握网络数据库（NetworkDB）的人员

信息也将作为结果返回。这种检索结果也符合逻辑分析。

为使OBSA-AM系统的信息具有统一的表示形式，词汇集同样采用了XML文档形式进行描述，如图5-4所示，其中斜体标签是具有子类的父类对象，标签内的元素即是可用于替代的概念词汇。在具体的转换与使用过程中，首先对本体概念层次定义解析生成中间文档，之后的每次调用都是针对中间文档并生成词汇表驻留缓冲区，为信息访问时的语义词汇匹配服务。

语义Web的任务之一是建立基于概念集来描述元数据元素、元数据关系和约束元数据语义的机制，从而实现智能检索和知识组织。而语义层词汇体系则是实现语义Web的工具之一，它用以表达元数据，在实际应用中，不同应用领域会根据不同目的、针对不同概念对象建立多种描述性元数据模式，对具体对象及其属性进行描述。本书基于本体的词汇体系创建方法，为语义Web的深入研究提供了一种新的思想。

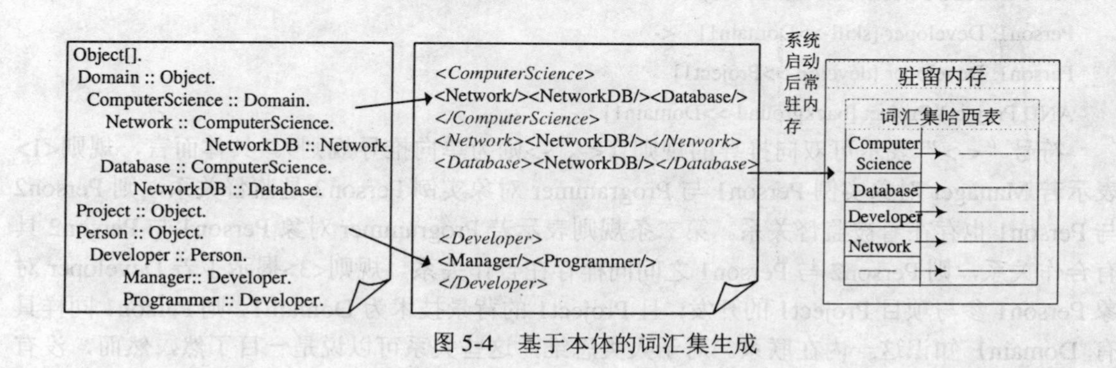

图5-4　基于本体的词汇集生成

5.4.3　OBSA-AM优化策略

1. 路径优化策略

路径表达式是现有XML查询语言的共同组成部分，也是XML数据查询的核心技术，但是针对路径表达式进行XML数据检索的研究工作基本上都集中在新的查询方法、新的操作符重写策略以及新的索引结构上，针对路径表达式本身进行优化的研究却相对较少。而本书探讨路径表达式本身的优化问题。

本书提出的路径优化思想其理论依据是XML文档可以被抽象成若干路径实例的集合，每一个数据节点都相应地对应于一个路径实例。路径表达式访问就是匹配XML文档的路径实例，从而得到符合条件的元素。而XML文档中出现的任一路径必符合其对应的模式信息。其优化策略就是根据XML文档的DTD/Schema模式信息，通过一系列简化操作之后所有路径实例信息，依赖这些信息，即可通过使用代价更小的等价路径表达式来优化原始查询，从而达到简化查询本身，提高查询性能的目的。

在本小节中，笔者仍以图3-3所示的计算机软件开发本体对应的DTD为例阐述优化过程，其DTD代码清单如下：

```
<!--实现概念继承关系的实体参数定义-->
<! ENTITY % Domain "ComputerScinece | Network | DataBase | NetworkDB" >
<! ENTITY %Person "Developer | Manager | Programmer">
```

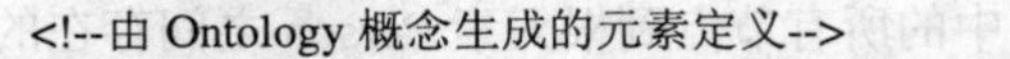

```
<!--由 Ontology 概念生成的元素定义-->
<! ELEMENT Project (#PCDATA | subject | periods | background | developedBy)* >
<! ELEMENT Person (#PCDATA | name | gender | Developer | Manager | Programmer)* >
<! ELEMENT Developer (#PCDATA | name | gender | develop | skill)* >
<! ELEMENT Manager (#PCDATA | name | gender | develop | skill | supervise)* >
<! ELEMENT Programmer (#PCDATA | name | gender | develop | skill |
supervisor | cooperateWith)* >
<!--由 Ontology 属性生成的子元素定义-->
<! ELEMENT subject (#PCDATA) >
<! ELEMENT periods (#PCDATA) >
<! ELEMENT background (#PCDATA | %Domain;)* >
<! ELEMENT developedBy (#PCDATA | %Person;)* >
<! ELEMENT name (#PCDATA) >
<! ELEMENT gender (#PCDATA) >
<! ELEMENT develope (#PCDATA | %Project;)* >
<! ELEMENT skill (#PCDATA | %Domain;) >
```

实际应用中的 DTD 一般较为复杂，因此利用模式信息之前首先需要完成简化工作，本书所使用的简化策略主要是消除元素出现次数的约束，把符号“|”转变成“,”，这种简化虽然可能丢失了元素间逻辑顺序信息，但是保留了所有可能出现的子元素信息，这些信息足以构建元素结构图。接下来的工作就是将简化后的 DTD 定义为一个有向图，即 $G_t=(V_t, E_t, \delta_t, \Sigma_t, root_t)$。其中 V_t 是图中的节点集合；E_t 是节点之间边的集合，边表明的是元素的嵌套包含关系；δ_t 函数决定 E_t 中每条边的走向；Σ_t 是节点名字的集合，即元素类型集合；图中存在惟一一个仅有出边而没有入边的节点，被称为图的根 $root_t$ 。在这个模型中，从孩子节点通过 δ_{t-1} 函数可以访问相应的父亲节点。图 5-5 即是上述 DTD 清单简化后生成的数据模式有向图。

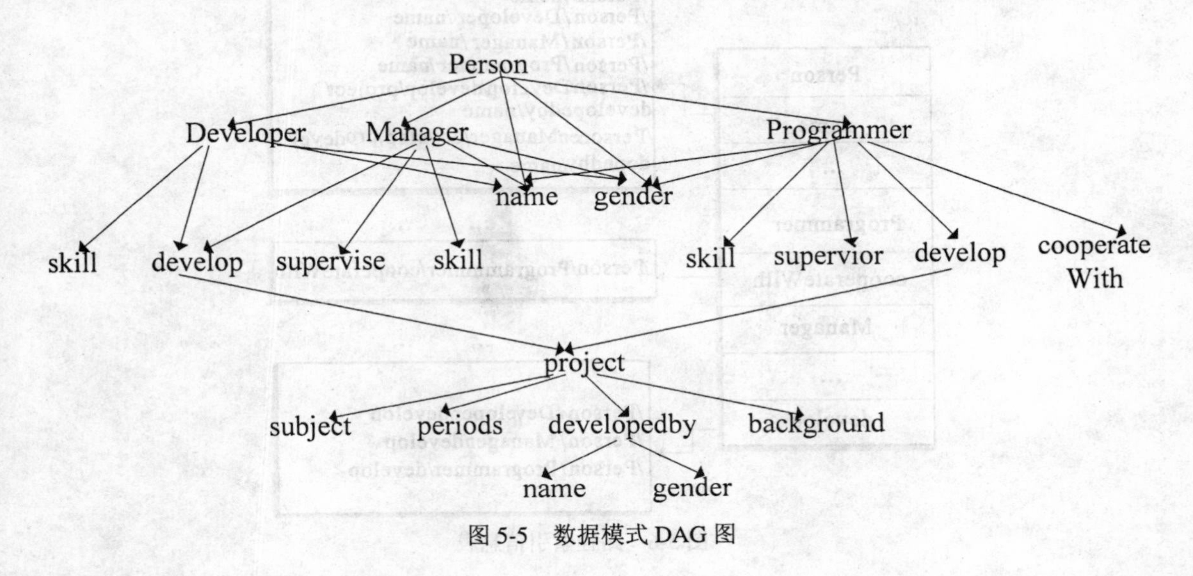

图 5-5　数据模式 DAG 图

最后的任务是采用自底向上的方法遍历该图，得到有且仅有一个入度为 0 的根元素节点

Person，之后只需多次遍历有向图，直至得到 Σ_t 中的所有节点到根元素 Person 之间存在的所有路径，并为 Σ_t 中的每一个节点建立访问路径的索引信息表，如图 5-6 所示。在访问执行过程中根据该信息表可以优化路径表达式，从而提高执行效率。

下面以一个符合上述 DTD 的 XML 文档表述优化过程。XML 文档代码清单如下：

```
<?xml version="1.0"?>
<! DOCTYPE sdoInfo SYSTEM "sdo.dtd">
<Person>
<Develpoer>
    <name>Amy</name>
    <skill>Network</skill>
    <develop>
        <project>
            <subject>Web Storage</subject>
            <background>XML</background>
        </project>
    </develop>
</Developer>
<Programmer>
    <name>John</name>
    <cooperateWith>Amy</cooperateWith>
</Programmer>
</Person>
```

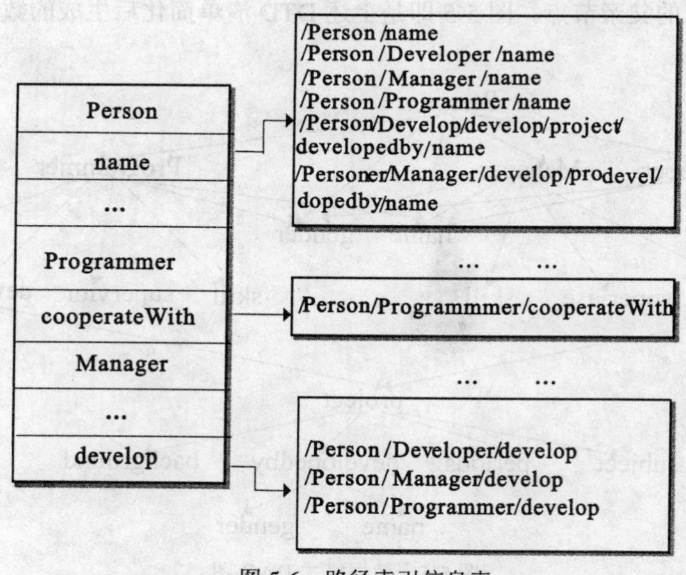

图 5-6 路径索引信息表

对绝大多数用户而言，并不清楚也没有必要了解文档内部元素之间的层次关系，常常是通过相对路径表达式进行信息存取。但是相对路径是以性能的牺牲换取与用户之间的这种友好交互，如执行表达式//Person/cooperateWith，需要比较 Person、Develpoer、name、skill、develop、project、subject、background 、Programmer 这些节点之后才能返回结果，因为某元素及其子元素是否包含所需信息，需要解析系统经过一一匹配才能确定，而借助图 5-6 所示的路径索引信息表，可将相对路径表达式转换成绝对路径表达式—/Person/Programmer/cooperateWith，避免了对 name、skill、develop、project、subject、background 节点的无效匹配，节省了访问时间。这种简化转换在 XML 文档层次结构比较复杂的情况下，能够大大减少需要的查询代价，效果更加明显。

2. 模式约束

由于 XML 数据具有自描述特性，目前的 Native XML 数据管理系统中的模式信息是从数据中提取的，这样的模式信息庞大而且复杂。而且，由于 XML 数据的半结构化，数据与模式信息之间并不具有完全对应的关系，这时的模式信息只是作为查询或者了解数据的一个指导，并不具有约束数据的功能。

而在传统数据库中，数据与模式信息保持完全的对应关系，模式对数据具有约束能力，模式严格约束数据的类型、操作和结构，数据的查询、更新和存储都要遵循模式的定义。这样，数据库可以利用模式信息做很多工作，如查询时的类型检查、不同类型的索引的创建和管理、存储时数据的聚集方式、查询优化时的代价估计等。

OBSA-AM 保留了部分模式信息对数据的约束能力，能够在不破坏 XML 数据特性的前提下，对 XML 数据进行约束，如图 5-7 所示。由于 Schema 可支持的数据类型非常丰富,本书主要是针对其扩展数据类型进行约束：首先需要对 Schema 进行分析，读取各元素对应的类型定义，并形成 XML 文档，为系统启动时在内存中建立模式约束 Hash 表提供支持,不仅如此，生成这个中间文档的优势还在于系统重新启动时不必再次解析 Schema（对于本系统而言，本体不变其对应的 Schema 也不变），从而减少重复工作。

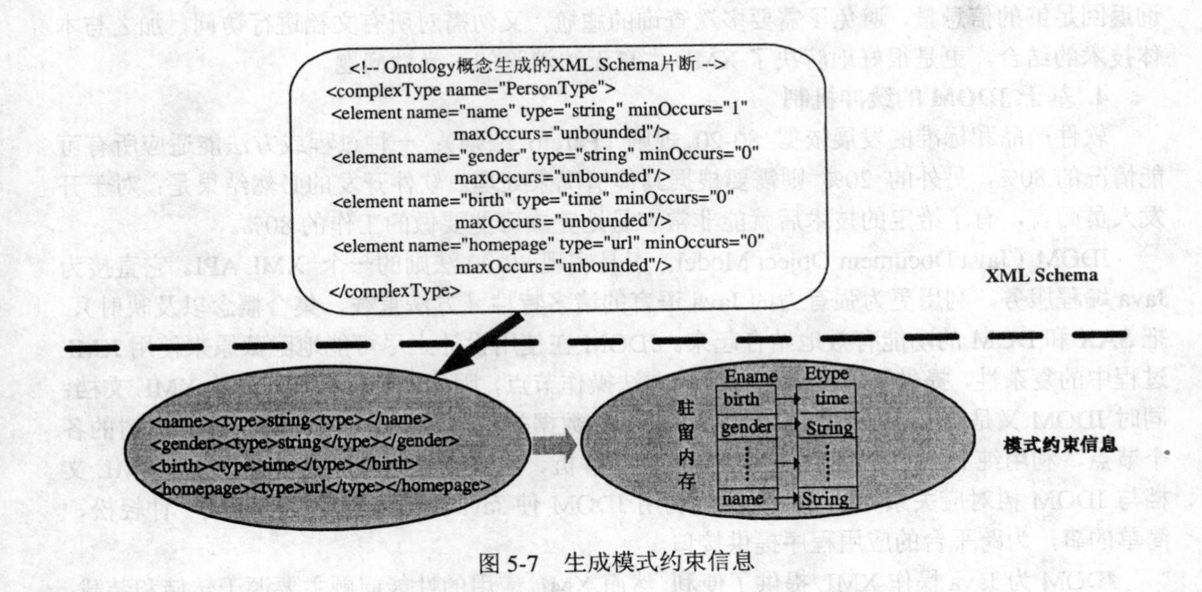

图 5-7　生成模式约束信息

虽然建立模式约束信息需要完成解析 Schema 并在系统启动时调入内存的工作，整个过程相对复杂，但这种模式约束带来的优势就是可以充分的利用模式信息访问、管理和存储数据，提高数据源的有效性和完整性。

3. 信息的集合访问

Native XML 数据管理系统以自然方式处理 XML 数据，与 XED 相比没有因数据模型的转化而造成信息丢失或性能下降。然而，目前对 Native XML 数据管理的研究还处于初级阶段，对以文档方式存在的 XML 数据多采用指定文档或整体遍历系统的方式进行访问，这两种方法虽然各有优势，但是前者造成信息量低下或需要执行多次信息访问，后者造成信息搜索量过大或因 XML 本身的无法消除的二义性而带来无效信息。

本书提出的集合访问是建立在本体基础上的，每一个特定领域都有一个本体及与本体相应的 DTD 或 Schema，经过相同 DTD/Schema 验证的 XML 源文档在同一区域进行物理存储，需要信息访问时，只需指定本体即可。具体流程如图 5-8 所示。

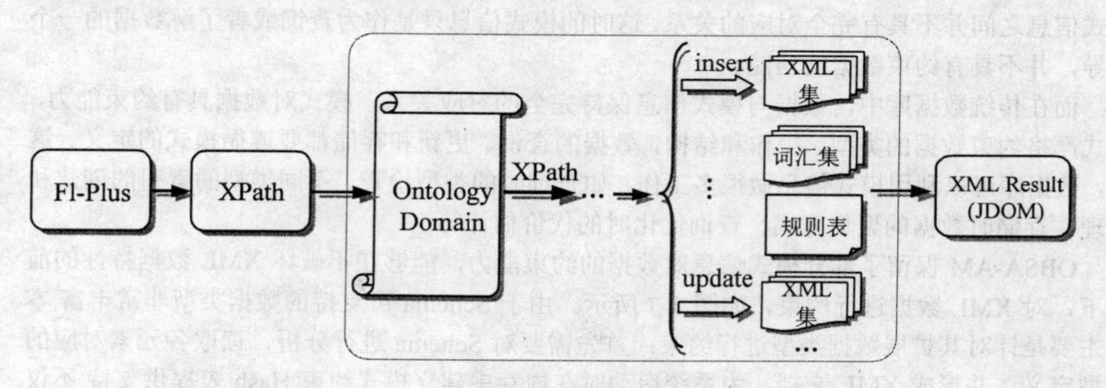

图 5-8 信息集合访问流程图

显然，面对有机组织的大量 XML 对象，一次一集合的信息处理能力，既保证了一次查询返回足够的信息量，避免了需要多次查询的尴尬，又勿需对所有文档进行访问，加之与本体技术的结合，更是很好地解决了 XML 本身无法消除的二义性问题。

4. 基于 JDOM 的缓冲机制

软件产品和标准的发展依据 80-20 规则（Pareto 法则）：一种过程或方法能适应所有可能情况的 80%，另外的 20% 则需要根据具体情况来处理。软件开发的必然结果是：对于开发人员而言，有了给定的技术后就能非常容易地完成可能要做的工作的 80%。

JDOM（Java Document Object Model）正是实现 80-20 法则的一个 XML API。它直接为 Java 编程服务，利用更为强有力的 Java 语言的诸多特性（方法重载、集合概念以及映射），把 SAX 和 DOM 的功能有效地结合起来。JDOM 在使用设计上尽可能地隐藏原来使用 XML 过程中的复杂性，提供了很多方便有效的方法操作节点，因此能轻松读取、修改 XML 文档；同时 JDOM 又是基于 Java2 的 API，它用 Java 的数据类型来定义类似 DOM 操作数据树的各个节点，利用纯 Java 的技术对 XML 文档实现解析、生成、序列化以及多种操作，XML 文档与 JDOM 树对应关系如图 5-9 所示。利用 JDOM 使 Java 处理 XML 文档变成一件轻松、简单的事，为跨平台的应用程序提供接口。

JDOM 为 Java 操作 XML 提供了便利，然而 XML 应用的性能问题主要源于转储和装载，如果可以减少转储和装载的时间开销，可以更加充分发挥 JDOM 的优势。本书基于 JDOM

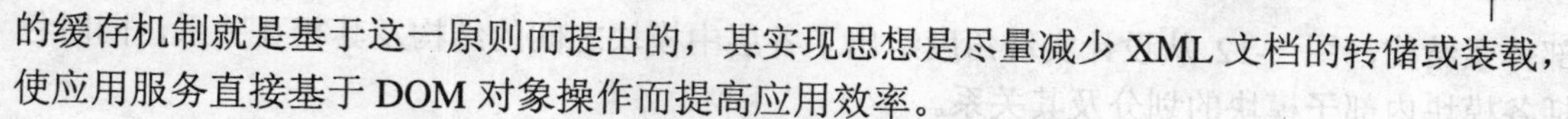

的缓存机制就是基于这一原则而提出的，其实现思想是尽量减少 XML 文档的转储或装载，使应用服务直接基于 DOM 对象操作而提高应用效率。

图 5-10 是 JDOM 缓存原理，可以看到，应用服务接口直接面对 JDOM 对象，因此应用

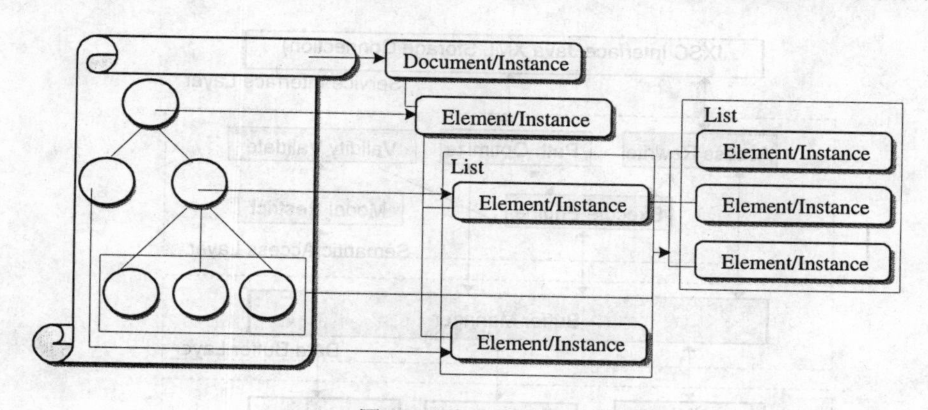

图 5-9 信息集合访问流程图

程序直接操作文档对象，避免了转储和装载的过程，从而提高了应用效率。但转储和装载的过程并不是不存在，而是由 OBSA-AM 完成的。如更新后的转储是在一次会话任务结束时批量提交，避免了应用程序对其操作实时更新的耗时等待。XML 的装载同样是解决效率的瓶颈问题，本书解决 XML 装载问题的方案是在 OBSA-AM 系统启动时，装载本体和对应本体下的词汇集、推理规则、模式约束信息等。

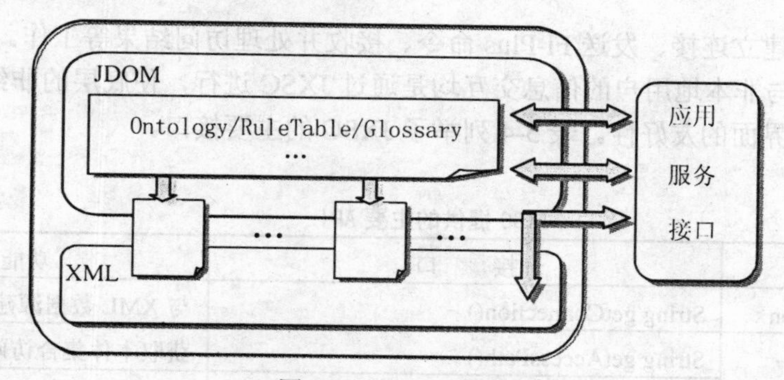

图 5-10 JDOM 缓存原理

5.4.4 访问机制的实现

OBSA 信息存取和访问接口（OBSA-AM）整体结构如图 5-11 所示。

由图 5-11，可知 OBSA-AM 在逻辑上分为四层：分别是源数据层、数据缓冲层、语义访问层和应用层。源数据层是整个系统的基础，提供为各个领域的数据建立相应的本体及在该领域下存在的逻辑规则和词汇集，以 XML 描述的数据源经 DTD/Schema 验证后以文件系统的形式存储。数据缓冲层位于语义访问处理与源数据层之间，所有的访问操作首先在内存中完成，在适当的时候通过数据缓冲层刷新到磁盘。语义访问层是整个系统的核心，并通过 JXSC 接口为用户提供本地或远程信息访问服务。

图 5-11 仅从逻辑上表明了几个层次之间的关系。为了更加详细地说明 OBSA-AM 的内

部体系结构，图 5-12 从设计实现角度给出了各层中模块之间的结构及其相互关系，同时包括各模块内部子模块的划分及其关系。

JXSC 服务接口主要为应用程序提供高层 API，主要是参照 JDBC 技术进行设计与实现，

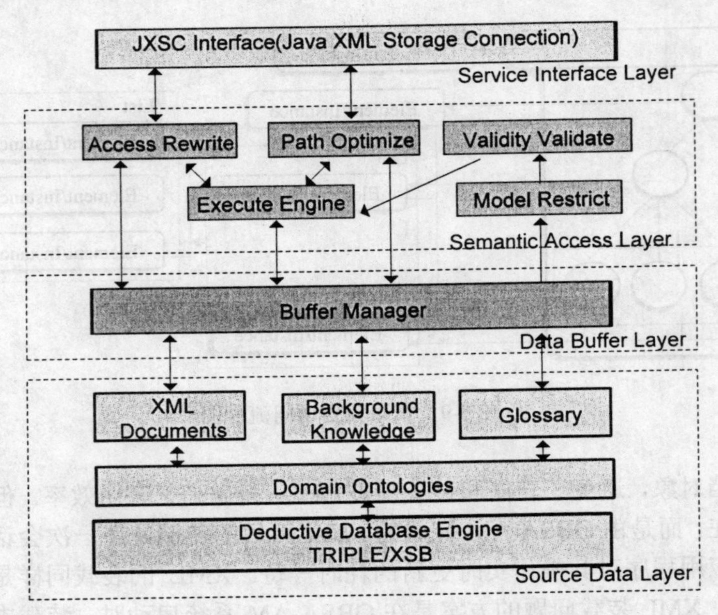

图 5-11　OBSA 查询机制示意图

它完成与数据源建立连接、发送 Fl-Plus 命令、接收并处理访问结果等工作。从图 5-12 中可以看到，OBSA 与非本地用户的信息交互均是通过 JXSC 进行，使底层的非结构化信息对用户透明，增强了界面的友好性。表 5-4 列举了 JXSC 的主要接口。

表 5-4　JXSC 提供的主要 API

类	接　口	功能描述
OBSAConnection	String getConnection()	与 XML 数据源建立连接
OBSACollection	String getAccessPath()	获取本体集合访问路径
	OBSAXmlobject[] getXmlobject()	获取该集合下的 XML 对象
	OBSARULETABLE[] GETRULETABLE()	获取该集合下的推理规则表
	OBSAGlossary[] GetGlossary()	获取该集合下的词汇集
OBSAExecute	String FlParse()	解析 Fl-Plus 命令
	String AccessRewrite()	重写信息访问命令
	UpdateXmlobject(String[] accessPath, int Id)	根据路径和 Id 刷新 XML 对象
OBSAResult	OBSAXmlobject getXmlResult()	返回 XML 结果对象

底层的信息管理模块实现了对 XML 对象的有效组织和使用。从图 5-12 中可以看到，除

了 Ontology Document 外，还有本体和 XML 文档集，前者主要描述了系统已有本体的访问路径信息，而对后者的操作主要包括集合的访问、XML 对象的访问等。底层信息的另一个组成部分如规则文件、词汇集文件和模式约束信息文件等一系列中间文档是通过相应的本体及 DTD/Schema 生成。整个模块由 Ontology Document 对应若干领域本体，领域本体对应若干 XML 对象，各个对象之间有机联系，从而形成了较严密的逻辑层次，更为重要的是中间文件的生成为语义访问和优化提供了支持。缓冲区管理模块的主要任务是在系统启动时，读取中间文档至内存，以减少对用户请求的响应时间，提高系统的性能。有关 OBSA-AM 的更详细的实现机制参考文献[75,76]。

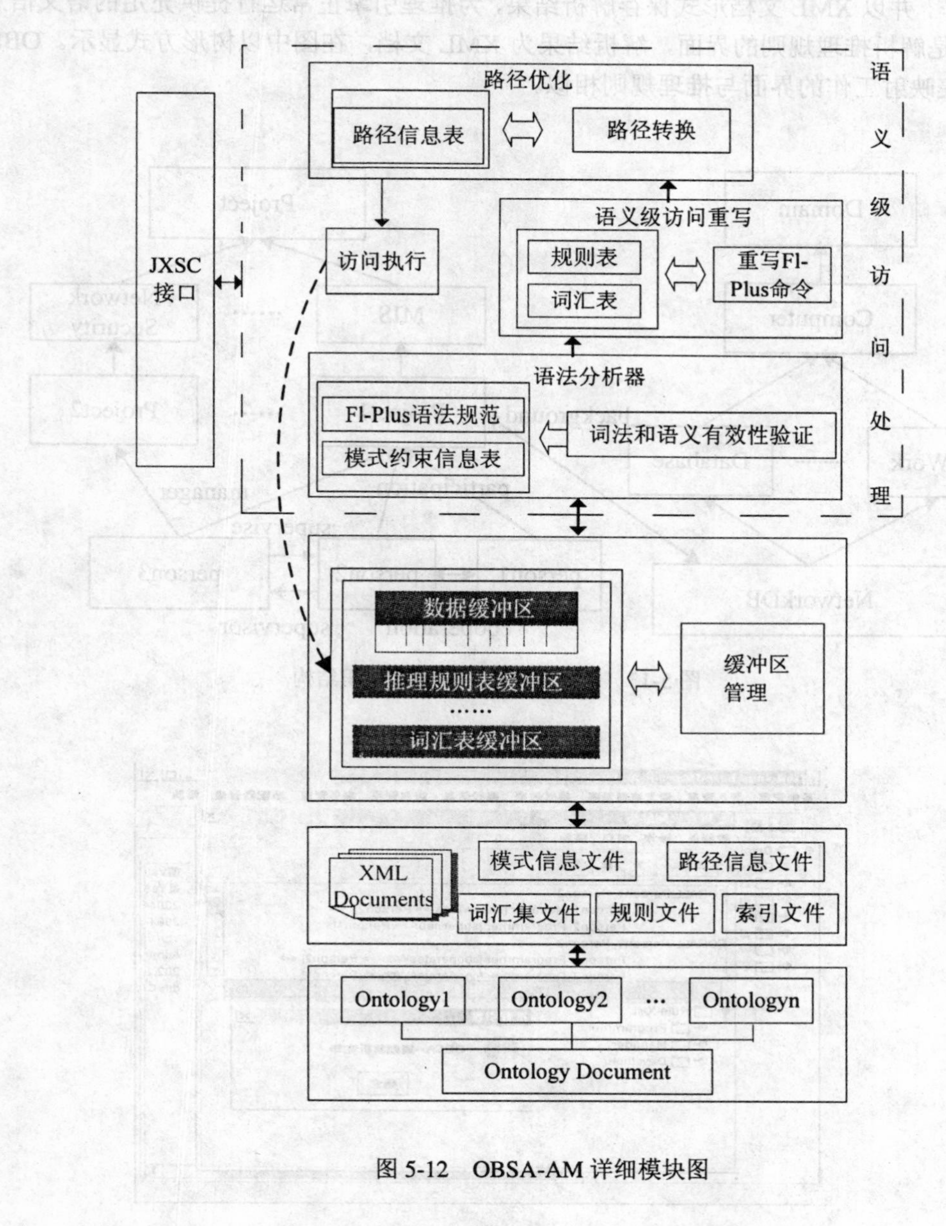

图 5-12 OBSA-AM 详细模块图

5.4.5 示例

以图 5-13 所描述的计算机软件开发知识系统的部分架构描述作为示例，建立相应的基于 F-Logic 的本体。

在拥有本体及与其相应的 DTD/Schema 基础之上，就可进行一系列的初始化工作和语义访问。应用系统首先启动 OBSA 主框架，读取 Ontology Document 中已有本体的名称、对应 DTD/Schema 及路径信息，进行一一加载。OBSA 系统首次运行时，并不支持语义级别的信息访问，需要完成一系列的初始化过程也就是完成对 F-Logic 描述的推理规则和词汇集进行解析的工作，并以 XML 文档形式保存解析结果，为推理引擎正常运行提供充足的语义信息。图 5-14 就是解析推理规则的界面，解析结果为 XML 文档，在图中以树形方式显示。OBSA 完成词汇集映射工作的界面与推理规则相似。

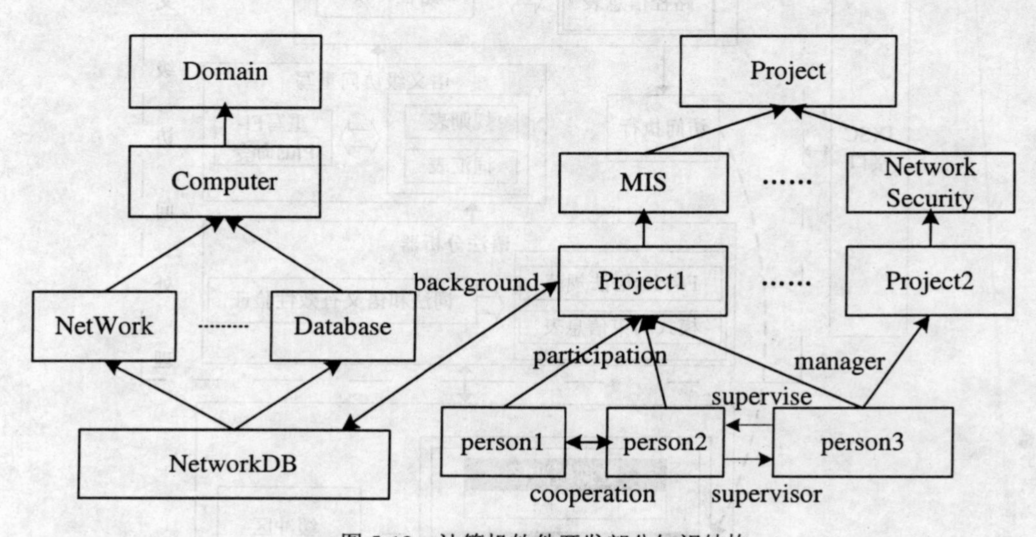

图 5-13　计算机软件开发部分知识结构

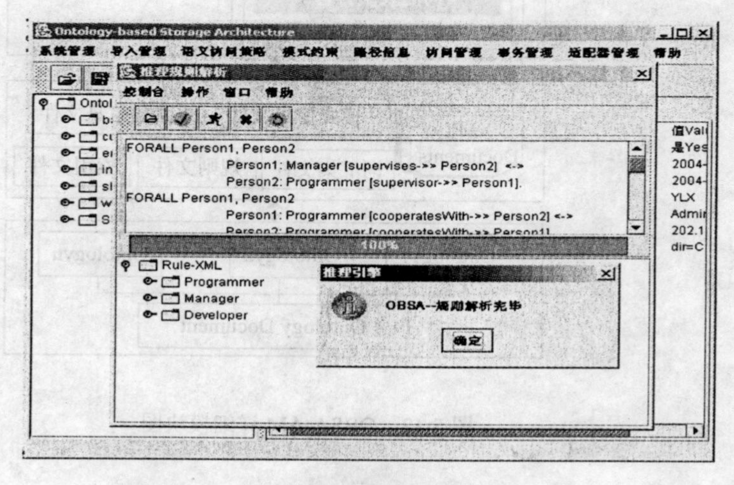

图 5-14　推理规则解析

规则解析和词汇集映射是支持语义层次信息访问的核心技术，从而实现 OBSA 的智能检索和知识组织。

为了提高系统的访问处理性能，最大程度地保证信息的有效性，本书还提出了路径优化策略和模式约束机制，同样地，这也需要在系统初始化时对各本体对应的 DTD/Schema 进行分析，得到所有可能出现的元素对象层次结构及各对象属性的数据类型。图 5-15 就是完成生成路径优化信息的工作，它首先对 DTD 进行简化，根据简化后的 DTD 建立 DTD 有向图树，利用 δ_t^{-1} 函数遍历后即得到所有元素对象在 XML 文档中可能出现的层次结构，也就是用以替代复杂路径或相对路径的路径表达式。模式约束信息主要是根据 Schema 生成，其工作界面与图 5-15 相似。

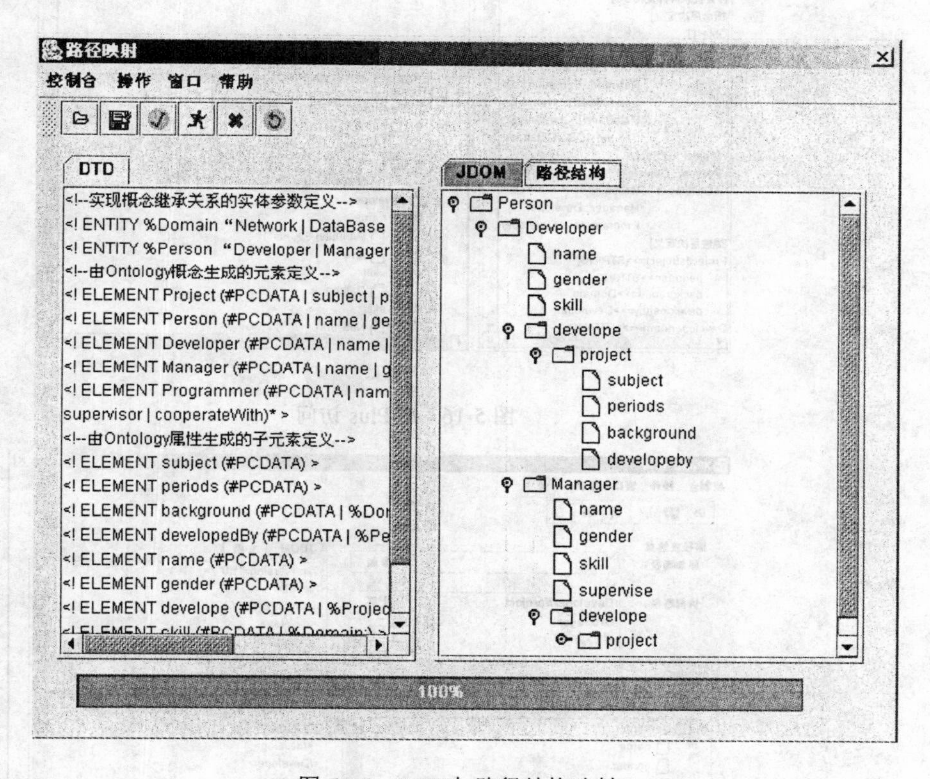

图 5-15　DTD 与路径结构映射

至此，系统的初始化工作基本完成，因而可通过系统提供的一个统一的信息访问语言和访问界面进行进一步的操作。如图 5-16 所示就是按照本书提出的 Fl-Plus 语法规范进行信息访问的。从图中可以清楚地看到，左侧显示的本体概念模型为用户提供了丰富的背景知识，如本体中出现的概念、属性和层次关系等。而 Fl-Plus 只需要用户简单刻画查询对象语义属性，无须指明 XML 文档元素的具体嵌套关系即可提交访问请求。在执行过程中，OBSA-AM 会根据初始化产生的规则表、词汇映射表及路径信息进行访问重写和优化，以更全面的结果返回给用户（如精通 NetworkDB 的 John 也被作为检索结果），从而实现高质量的语义信息访问。

为了增加系统的友好性，OBSA-AM 同时实现了对 XPath 和 XQuery 的支持，对只需查询不需要信息更新的用户而言，用更熟悉的语法进行信息检索。而对于无条件的简单检索，只需点击图 5-17 中显示的 DTD 元素层次结构信息树来选择查询对象，系统就能帮助用户生成查询路径表达式，以更友好的方式提供服务。OBSA-AM 提供树形和文本文档两种方式显示查询结果，可供用户作进一步的处理。XQuery 的查询界面与图 5-17 相似。

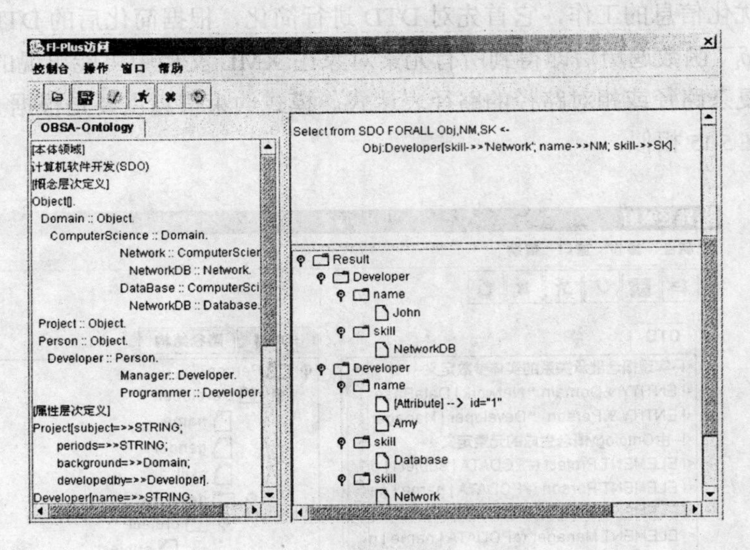

图 5-16　Fl-Plus 访问

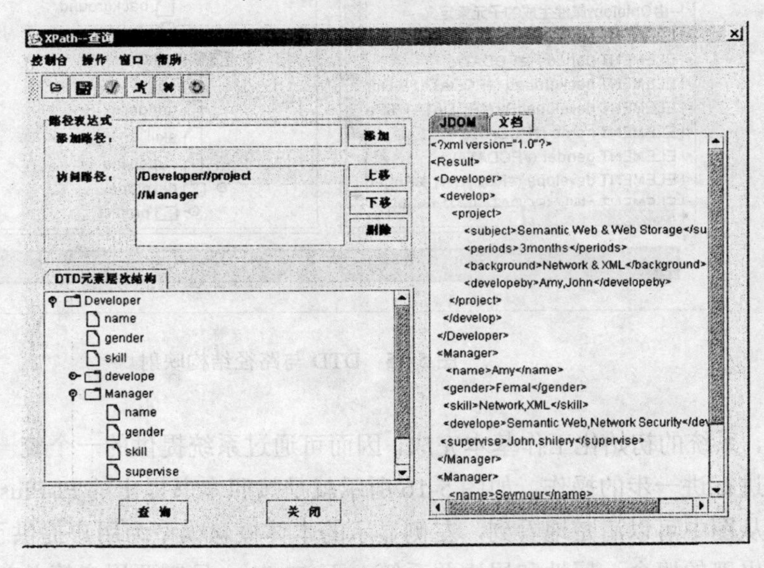

图 5-17　XPath 查询

5.5　本章小结

本章具体介绍了基于本体的集成系统 OBSA 的实现机制。首先介绍了 OBSA 的语义与

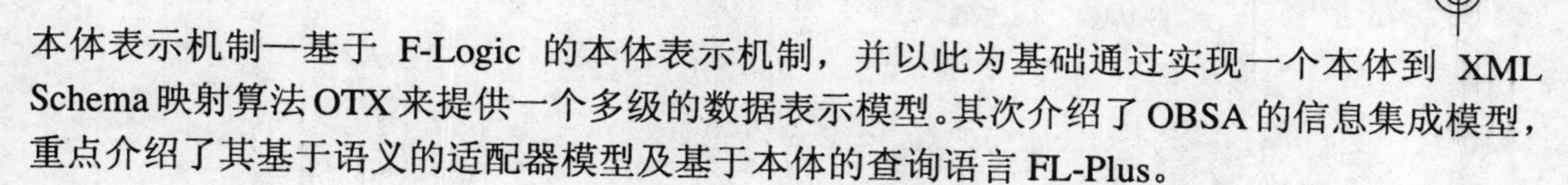

本体表示机制—基于 F-Logic 的本体表示机制，并以此为基础通过实现一个本体到 XML Schema 映射算法 OTX 来提供一个多级的数据表示模型。其次介绍了 OBSA 的信息集成模型，重点介绍了其基于语义的适配器模型及基于本体的查询语言 FL-Plus。

第六章 Mediator-Wrapper 模式 XML 信息集成机制

本章在前面一章的基础上继续讨论分布式环境下基于本体的 XML 信息集成机制，与前面一章不同的是，本章重点探讨在 Mediator-Wrapper 环境下基于语义相似度的 XML 信息集成机制，而且本章的重点侧重于通过形式模型和算法来进行介绍，从某种程度上来说，本章所介绍的内容是在 OBSA 原型系统上的升华与总结[77]。

6.1 分布式环境下本体及语义映射机制

在分布式环境中，不同节点对于同一个语义可能会有不同的理解，例如表述的方法不同或者表述的语言不同等，这就造成了分布式环境下的语义异构问题。可以举一个非常简单的例子表示语义的异构性，以大学教师的职称为例：在中国内地，大学教师的职称分为四个层次，分别用"教授"、"副教授"、"讲师"和"助教"四个词表示，而与之相对应的，在中国香港和美国，大学教师的职位为"Professor"、"Associate Professor"、"Assistant Professor"和"Lecturer"来表示，在澳大利亚，职位的描述为"Professor"、"Senior Lecturer"和"Lecturer"来表示，图 6-1 显示了中国和美国描述大学一个系的本体，从中可以体会语义表述的异同。

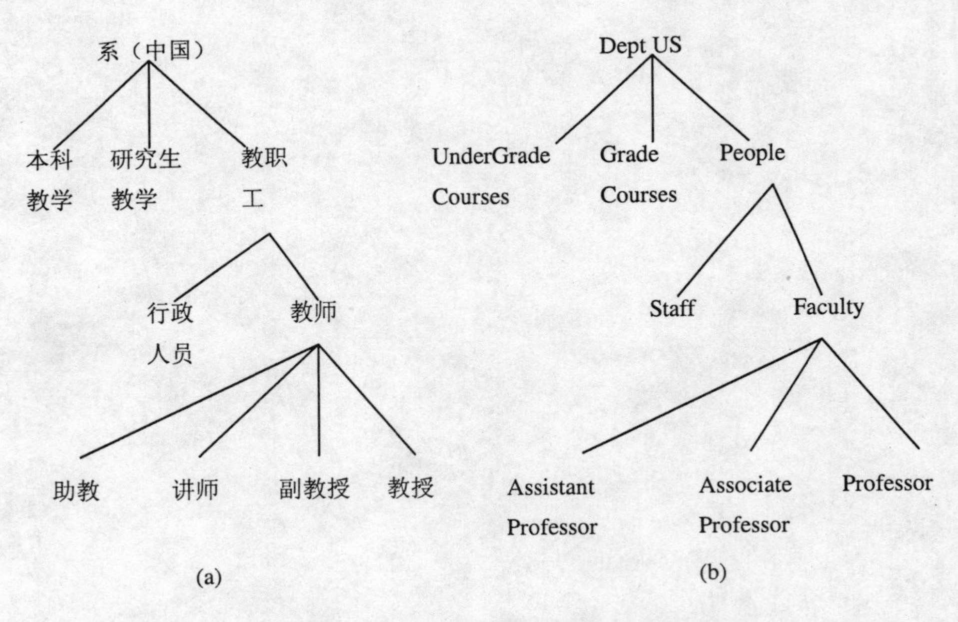

图 6-1 系（Department）本体

一个用户将一个查询请求提交到一个分布式系统中，首先会分解成各个子查询提交给各

个节点进行处理，由于全局环境中的语义表述与各节点的局部环境的语义表述并不完全相同，因此各节点在执行这个查询前，首先需要根据某种机制将这个全局的语义转换成局部的语义，然后才开始处理查询，这就是语义映射问题。如果将一个全局的本体转换成一个局部的本体，就是本体的映射。

目前的本体映射主要建立在语义相似性的基础上，如何构建语义相似性是目前研究的热点问题之一，基于计算语言学的方法[78]、启发式的方法、机器学习的方法[79]和 Bayesian 网络[80]的方法等是目前的几个主流研究手段，文献[81]对此本体映射方法进行了综述性介绍。

6.1.1 语义相似性定义

在不同的语义环境下，出现相同语义的情形相对来说是很少的，大多数情况下我们总是实现相似语义之间的映射，因此实现语义映射的第一步就是如何理解语义的相似性、如何衡量语义的相似性。已经有众多的方法来衡量语义之间的相似性，不同的方法所依据的标准及原则均不一样，比较著名的方法有 Levenstein distance、Monge-Elkan distance、Jaro metric、基于表意距离的方法如 Jaccard 相似性方法、cosine 相似性方法等，文献[82]总结了多种判断语义相似性的方法，并作了一定的比较，网站

(http://www.dcs.shef.ac.uk/~sam/stringmetrics.html)

提供了多种语义相似性判定方法的代码。

本书采用 Jaccard 方法来定义语义的相似性，这是因为大多数的语义相似性的定义都可以看做是计算一个领域中的所有实例属于两个概念的联合概率分布（joint probability distributed）情况，如果我们用 A、B 来表示两个概念，用 P 来表示概率，则会有下面的四种概率分布情况：

$P(A,B)$ 表示领域中的实例属于概念 A 和 B 的概率；

$P(A,\overline{B})$ 表示领域中的实例属于概念 A 但不属于概念 B 的概率；

$P(\overline{A},B)$ 表示领域中的实例不属于概念 A 但属于概念 B 的概率；

$P(\overline{A},\overline{B})$ 表示领域中的实例既不属于概念 A，也不属于概念 B 的概率。

Jaccard 定义语义相似性的方法可以用公式（6-1）来表示：

$$JS(A,B)=\frac{P(A\cap B)}{P(A\cup B)}=\frac{P(A,B)}{P(A,B)+P(A,\overline{B})+P(\overline{A},B)} \tag{6-1}$$

一般来说，系统会根据一个阈值 ε 来确定 A、B 两个概念是否相似，这个阈值可以由系统管理员指定，也可以由系统根据其他的方法自动确定（例如通过机器学习的方法来确定一个合理的值）。如果 $JS(A,B)\geq 1-\varepsilon$，我们就说 A、B 两个概念是精确匹配的，即概念 A 和 B 可以相互映射。依据此方法，我们还可以定义语义映射中包含映射、合成映射中语义相似性的判断方法：

定义 MSP(A,B)表示 most-specific-parent：

$$\mathrm{MSP}(A,B)=\begin{cases}P(A\mid B), & \text{如果} P(B\mid A)\geq 1-\varepsilon \\ 0, & \text{如果不满足上述条件}\end{cases} \tag{6-2}$$

其中 A 表示源本体中的概念，B 表示目标本体中的 $\mathscr{R}_m$ 集合的概念。

定义 MGC(A,B)表示 most-general-child：

$$\mathrm{MGC}(A,B)=\begin{cases}P(B\mid A)，如果P(A\mid B)\geq 1-\varepsilon\\0，如果不满足上述条件\end{cases} \tag{6-3}$$

其中 A 表示源本体中的概念，B 表示目标本体中的 $\mathcal{R}_m$ 集合的概念。

定义 $JCS\ (A,B_0,B_1,B_2,\cdots,B_n)$ 表示组合映射的语义相似性：

$$JCS(A,B_0,B_1,\cdots,B_n)=\frac{P(A,B_0\mid B_1,B_2,\cdots,B_n)}{P(A,\bar{B_0}\mid B_1,B_2,\cdots,B_n)+P(A,B_0\mid B_1,B_2,\cdots,B_n)+P(\bar{A},B_0\mid B_1,B_2,\cdots,B_n)} \tag{6-4}$$

其中 A 表示源本体中的概念，B_0 表示目标本体中的 $\mathcal{T}_m$ 集合中的概念。

6.1.2 映射机制定义

语义映射是分布式环境下关系数据库、XML 数据处理及信息集成系统不可避免的环节。存在哪些映射，如何进行映射等是我们首先需要了解的问题，文献[83]等对此作了讨论，本书综合了这些文献的结论。

定义 6-1 映射 所谓映射可以表示为一个三元组 $\mathcal{M}=(\mathcal{S},\mathcal{D},\mathrm{v})$，其中 $\mathcal{S}$ 表示一个源本体的概念（Concept of Ontology）、XML 文档的 DTD 或 XML Schema 元素或者一个实例（instance），或者是其集合；$\mathcal{D}$ 表示一个目标本体的概念（Concept of Ontology）、XML 文档的 DTD 或 XML Schema 元素或者一个实例（Instance），或者是其集合；v 表示映射的信心值（Confidence Value），其取值范围为（0,1）。

对于一个分布式 XML 信息处理系统来说，映射源就是全局本体概念、全局查询请求中的概念元素或者全局查询请求中的一些元素值等，而目标本体则是一个分布式节点局部本体概念、转换后的局部查询请求中的概念元素或者值等。

根据定义可知，存在三种类型的映射:即本体与本体之间的映射，查询语义之间的映射及实例之间的映射。本体概念及 XML DTD/Schema 之间的概念可以用描述逻辑中的 TBox 来表述，实例则可以用 ABox 来表示，本节后续部分为了表述简洁，仅定义本体之间的映射，描述时也只描述相应的 TBox。

对于映射的方式（或者称为机制），众多文献也进行了研究，最普遍的映射是一个本体映射为另一个本体，是一个直接的一对一的映射，即将全局本体的一个概念直接映射到一个局部本体的一个概念，称之为直接本体映射，目前研究最多的是直接映射。例如图 6-1 中的教授-Professor、副教授-Associate Professor、讲师-Assistant Professor 等，都是称直接映射。然而，由于不同节点或者不同环境之间分类标准、本体表述机制的不同，本体映射不可能如此简单，例如：

address=contact(country, state, city, street, postcode)

是一个复杂的映射，它将一个本体中的地址概念映射为另一个本体中的 country、state、city、street、postcode 等几个概念的组合，通过 contact 关系来表述。一般来说，本体映射（匹配）包括直接映射（Direct ontology concept mapping）、包含映射（Subsumption ontology concept mapping）、组合映射（Composition ontology concept mapping）、分解映射（Decomposition ontology concept mapping）等。为了表述简洁，利用描述逻辑进行本体映射的形式化定义。

定义 6-2 直接本体映射 所谓直接本体映射（Direct ontology concept mapping）$\mathcal{M}=(\mathcal{S},\mathcal{D},\mathcal{R},\mathrm{v})$，其中 $\mathcal{S}$ 表示一个源本体的概念（Concept of Ontology）；$\mathcal{D}$ 表示一个目标本体的概念；

$\mathcal{R}$ 表示映射关系，该映射用描述逻辑可以表示为 $\mathcal{S}\sqsubseteq\mathcal{R}.\mathcal{D}$。v 表示映射的信任度（Confidence Value），其取值范围为（0,1），其取值主要取决于以下因素：①两个概念之间的语义相似度（Semantic Similarity），一般来说，这是最主要的因素；②与映射概念对应的本体相关的启发式知识。③映射背景知识。

上述定义可以通过图 6-2 来表示。

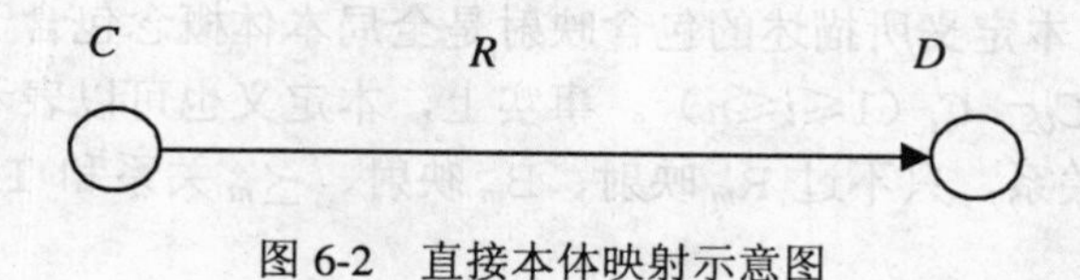

图 6-2　直接本体映射示意图

图 6-3（a）是一个包含本体示意图。C_0 是全局本体的概念，$C_i(i\in\{1,2,\cdots,n\})$是局部本体的概念，而且局部本体的各个概念之间存在包含关系，即 $C_1\subseteq C_2\subseteq\cdots\subseteq C_n$。图 6-3(b)是这个示意图的另外一种表示方式，C_i 和 C_{i+1} 之间通过 Subsume 关系来表示，反之则用 Subsume⁻关系表示。

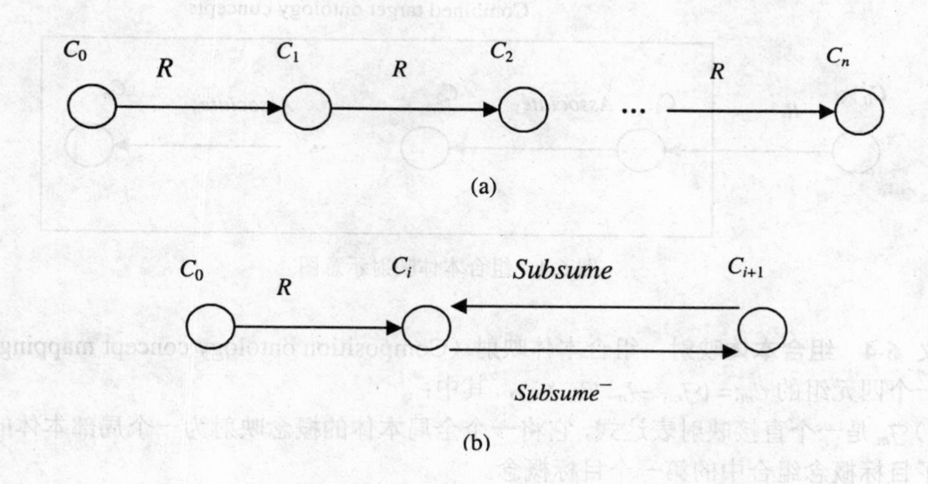

图 6-3　包含本体映射示意图

定义 6-3　包含本体映射 包含本体映射（Subsumption ontology concept mapping）可以表示为一个六元组的 $\mathcal{S}_m$:=($\mathcal{D}_m$, $\mathcal{R}_m$, $\mathcal{B}_m$, $\preceq_m$, $\mathcal{I}_m$, v_m)，其中：

（1）$\mathcal{D}_m$ 是一个直接映射表达式，它将一个全局本体的概念映射为一个局部本体的概念。

（2）$\mathcal{R}_m$ 是局部本体概念第一个目标概念，它是一个最具体（specialized）的概念。例如图 6-3（a）中的 C_1。全局本体概念和 $\mathcal{R}_m$ 之间的映射称为 Root ontology concept mapping，可以表示为 $C_0\sqsubseteq C_i\sqcap\forall\text{Subsume}^-.\bot$，其中 C_0 是全局本体概念，C_i 是局部本体概念中存在包含关系（即 $C_1\subseteq C_2\subseteq\cdots\subseteq C_n$）的最具体的本体概念。

（3）$\mathcal{B}_m$ 是局部本体中最后一个目标概念，它是一个最通用（generalized）的概念。全局本体和 $\mathcal{B}_m$ 之间的映射称为 Bottom ontology concept mapping，可以表示为 $C_0\sqsubseteq C_i\sqcap\forall Subsume.\bot$，其中 C_0 为全局本体概念，C_i 为局部本体概念中存在包含关系（即

$C_1 \subseteq C_2 \subseteq \cdots \subseteq C_n$）的最通用的本体概念。

（4）$\preceq_m$ 是一个局部本体之间的包含关系，表示为 $C_i \sqsubseteq \forall \text{Subsume}.C_{i+1}$，其中 C_i 包含于 C_{i+1}。

（5）$\mathcal{I}_m$ 表示局部本体之间的反向包含关系，表示为 $C_i \equiv \exists \text{Subsume}^{-}.C_{i+1}$，其中 C_i 包含于 C_{i+1}。

（6）v_m 表示映射的信任度。

值得指出的是，本定义所描述的包含映射是全局本体概念包含于局部本体的概念之中的一种映射关系，即 $C_0 \subseteq C_i$（$1 \leqslant i \leqslant n$）。事实上，本定义也可以表示全局本体概念包含局部本体的概念的映射关系，只不过 R_m 映射、B_m 映射、$\preceq_m$ 关系和 I_m 关系的定义作出相应的改变。

组合映射是指将一个全局本体概念映射为多个局部本体概念的组合，如本节开始所举的例子就是一个典型的组合映射，它将一个地址概念映射为 contact、country、state、city、street、postcode 等概念的组合。这种映射关系可以用图 6-4 来表示。

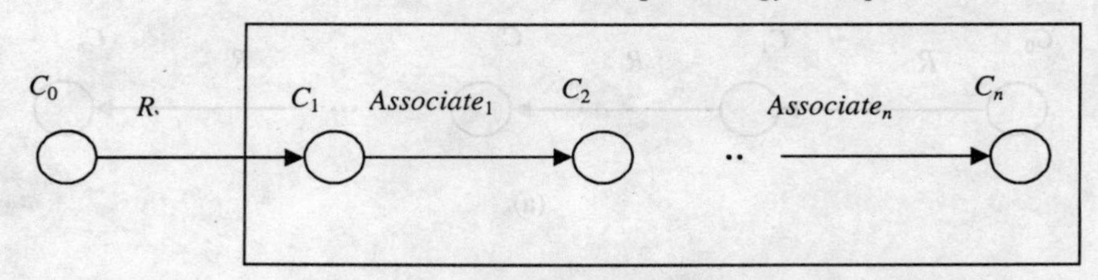

图 6-4　组合本体映射示意图

定义 6-4　组合本体映射　组合本体映射（Composition ontology concept mapping）可以表示为一个四元组的 $\mathcal{C}_m := (\mathcal{F}_m, \mathcal{A}_m, \mathcal{B}_m, v_m)$，其中：

（1）$\mathcal{F}_m$ 是一个直接映射表达式，它将一个全局本体的概念映射为一个局部本体的概念。它表示了目标概念组合中的第一个目标概念。

（2）$\mathcal{A}_m$ 表示了目标本体概念之间的连接关系集合，可以表示为 $C_i \sqsubseteq \forall \text{Associate}_{i+1}.C_{i+1}$，其中序号 i 表明了各个概念 C_i 和 C_{i+1} 及关系 Associate_{i+1} 在整个组合概念中的顺序。

（3）$\mathcal{B}_m$ 是局部本体中最后一个目标概念，它是整个组合链表中的最后一个本体概念。

（4）v_m 表示映射的信任度。

通过上述定义，将一个树形本体概念的组合表示成为一个概念及其关系之间的链表结构。值得指出的是，组合映射中全局本体的映射关系 R 和局部本体中各概念间的关系（即组合连接关系）是不相同的，这与包含映射不一样，而且连接关系集合 $\mathcal{A}_m$ 中各个连接关系 $Associate_i$ 和 Associate_j 也不一定是一样的。

分解映射与组合映射相反，它将一个组合的全局本体概念映射为一个局部本体概念，这种映射关系可以通过图 6-5 来表示。

定义 6-5　分解本体映射　分解本体映射（Decomposition ontology concept mapping）可以表示为一个四元组的 $\mathcal{D}_m = (\mathcal{A}_m, \mathcal{B}_m, \mathcal{L}_m, \mathfrak{v}_m)$，其中：

（1）$\mathcal{A}_m$ 表示全局本体间的组合关系集合，这种组合关系可以通过 $C_i \sqsubseteq \forall \mathrm{Associate}_{i+1}.C_{i+1}$ 来表示，其中序号 i 表明了各个概念 C_i 和 C_{i+1} 及关系 $\mathrm{Associate}_{i+1}$ 在整个组合概念中的顺序。

（2）$\mathcal{B}_m$ 表示全局本体概念中最后一个概念，或者说是整个链表中最后一个节点。

（3）$\mathcal{L}_m$ 是全局本体至局部本体间的一个直接映射关系，它将第一个全局本体概念映射为一个局部本体概念。

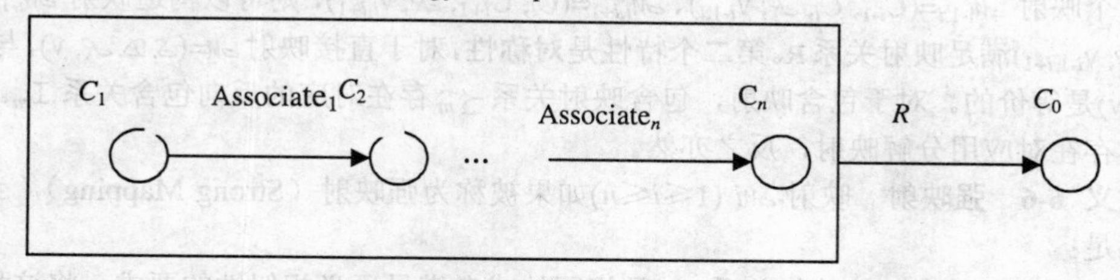

图 6-5　分解本体映射示意图

（4）v_m 表示映射的信任度。

表 6-1 通过描述逻辑的 TBox 总结了四种情况下的语义匹配算法，即直接映射、包含映射、组合映射和分解映射的语义匹配算法。

表 6-1　语义映射机制的描述

映　射	TBox
直接映射	Match expression: $C \equiv \forall match.D$ Where $C \in$ source concept, $D \in$ target concept, and match is mapping role.
包含映射	Match expression: $C_0 \equiv \forall match.C_i$ $C_0 \sqsubseteq C_1 \sqcap \forall \mathrm{subsume}^{-}.\bot$ /*target root concept */ $C_0 \sqsubseteq C_{i+1} \sqcap \forall \mathrm{subsume}.\bot$ /*target bottom concept */ $C_i \sqsubseteq \forall subsume.\ C_{i+1}$ /*concept subsumption relation */ $C_i \equiv \exists subsume^{-}.\ C_{i+1}$ /*inverse of target concept */ Where $C_0 \in$ source concept, C_1, C_2, …, $C_{i+1} \in$ target concept, match and subsume are mapping role, $i \in \{1, 2, \cdots, n\}$
组合映射	Match expression: $C_0 \equiv \forall \mathrm{match}.C_1$ /*first target concept*/ $C_0 \sqsubseteq \mathrm{Concatenate}_{i+1}.C_{i+1}$ /*chaining of concept */ $C_0 \sqsubseteq \mathrm{Concatenate}_{i+1}.\bot$ /*last target concept */ Where $C_0 \in$ source concept, C_1, C_2, …, $C_{i+1} \in$ target concept, match and $\{\mathrm{concateate}_1, \cdots, \mathrm{concateate}_n\}$ are mapping role, $i \in \{1, 2, \cdots, n\}$
分解映射	Match expression: $C_i \sqsubseteq \mathrm{Concatenate}_{i+1}.C_{i+1}$ /*chaining of concept */ $C_i \sqsubseteq \mathrm{Concatenate}_{i+1}.\bot$ /*last target concept */ $C_n \equiv \exists \mathrm{match}.C_0$ /*first target concept*/ Where $C_0 \in$ source concept, C_1, C_2, …, $C_{i+1} \in$ source concept, match and $\{concateate_1, \cdots, concateate_n\}$ are mapping role, $i \in \{1, 2, \cdots, n\}$

本体映射的问题最终转换为两个节点的本体是否匹配的问题，如果两个节点的两个概念之间能够满足上节定义的语义相似性，称为两个语义是可以相互匹配的，则一个语义可以映射为另一个语义。

6.1.3 语义映射的特性

在上述定义的基础上讨论几个与本体集成相关的语义映射特性。第一个特性是**传递性**，对于两个映射 $\mathcal{M}_{i-1,i}=(C_{i-1}, C_i, \mathcal{R}, \mathrm{v}_{i-1,i})$、$\mathcal{M}_{i,i+1}=(C_i, C_{i+1}, \mathcal{R}, \mathrm{v}_{i,i+1})$，则可以构造映射 $\mathcal{M}_{i-1,i+1}=(C_{i-1}, C_{i+1}, \mathcal{R}, \mathrm{v}_{i-1,i+1})$满足映射关系R。第二个特性是**对称性**，对于直接映射 $\mathcal{M}=(\mathcal{S}, \mathcal{D}, \mathcal{R}, \mathrm{v})$，与 $\mathcal{M}'=(\mathcal{D}, \mathcal{S}, \mathcal{R}, \mathrm{v})$是等价的。对于包含映射，包含映射关系 $\preceq_m$ 存在对应的反向包含关系 I_m。对于组合映射存在对应用分解映射，反之亦然。

定义 6-6　强映射　映射 $\mathcal{M}i$ $(1\leqslant i\leqslant n)$如果被称为强映射（Strong Mapping），当且仅当它们满足：

（1）$\mathcal{M}_i$ $(1\leqslant i\leqslant n)$的映射关系 $\mathcal{R}_i$ 是相同的或者满足语义相似性的要求。将这种映射关系简写为 $\mathcal{R}$，称为强映射关系。

（2）$\forall i,j,k$，$\mathrm{v}_i, \mathrm{v}_j, \mathrm{v}_k$ 为映射 $\mathcal{M}_i, \mathcal{M}_j, \mathcal{M}_k$ 的信任度，则存在 $\mathrm{v}_i\leqslant \mathrm{v}_j+\mathrm{v}_k$。

6.2 基于语义映射的本体集成机制

本书采用基于中介者（Mediator）的模式来描述本体集成的机制。图 6-6 表示了这种集成机制的示意图。

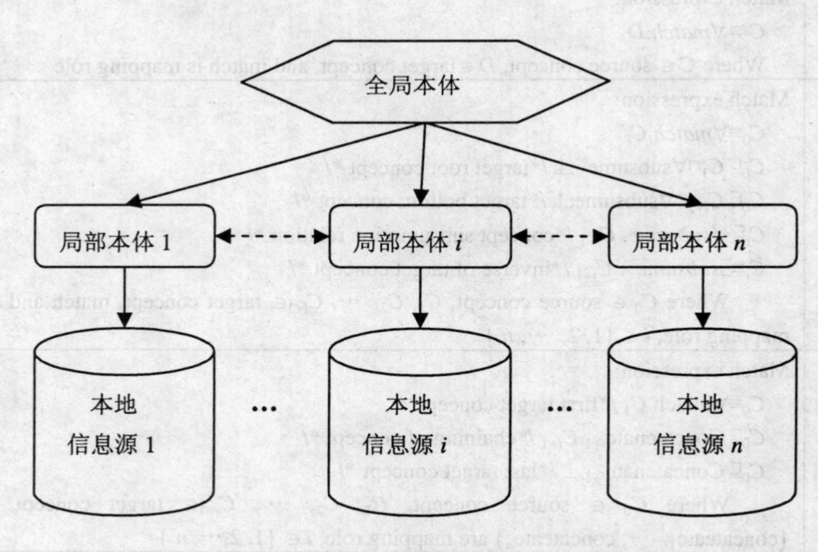

图 6-6　基于中介者模式的本体集成示意图

在这种机制下，每个本地的包装器（Wrapper）提供本地局部的本体环境，并提供相应的本体映射表。全局本体起到中介者的作用，外部用户通过这个中介者实现对各个局部信息源的访问。

定义 6-7　本体集成制约　假定 O_i（$1\leq i\leq n$）为 n 个不同的本体，所谓本体映射制约

（Ontology Integration Constraints）IC 是一个四元组 $IC:=(MC, KC, I_{mc}, I_{kc})$，其中：

（1）MC 是一个本体之间互映射的集合，其每一个元素分别表示本体 O_i 的一个概念或概念集合与本体 O_j 一个概念或概念集合之间的映射关系，其映射方式可能是直接本体映射、包含本体映射、组合本体映射或分解本体映射中的一种，简单表示为 $\mathcal{M}_{i,j}:=\{O_i{:}X, O_j{:}Y, v_{i,j}\}$，而且满足 $\mathcal{M}_{i,j}\in MC\wedge(i\neq j)\wedge\{X\in O_i\}\wedge\{Y\in O_j\}$，$v_{i,j}$ 是映射信心值。

（2）KC 是一个基于规则的本体映射集合，称为映射知识库。很多情况下，本体映射之间存在着一些条件，最合适的描述条件的方式是用类启发式的规则。

（3）I_{mc} 和 I_{kc} 分别为本体映射和规则知识库的实例集合。

定义 6-8　本体集成　假定 O_i（$1\leqslant i\leqslant n$）为 n 个不同的本体，IC 为一个有限的本体集成制约集合。当 O 和 O_i 满足下列条件时，本体 O 被称为 O_i（$1\leqslant i\leqslant n$）的集成：

① 存在 n 个映射 $\mathcal{M}_i$（$1\leqslant i\leqslant n$）分别表示从 O_i（$1\leqslant i\leqslant n$）到 O 的映射；

② $(\forall i\in\{1,2,\cdots,n\})\ O_i{:}x\leqslant O_i{:}y\rightarrow\mathcal{M}_i(O_i{:}x)\ \leqslant\mathcal{M}_i(O_i{:}y)$；

③ $(\forall x,y)((x\in O_i\wedge y\in O_j)\wedge(x\ \boldsymbol{op}\ y)\in \boldsymbol{IC}\rightarrow(\mathcal{M}_i(x)\ \boldsymbol{op}\ \mathcal{M}_j(y))\in\boldsymbol{IC})$。

在具体介绍集成的步骤前，先定义几个在描述中需要用到的概念。

定义 6-8　融合连接　熔合连接（Fusion Connection）是在不同本体间存在语义映射的概念之间建立起一个连接标记，熔合连接主要是指各个映射机制中存在直接映射关系的各个节点之间的连接，例如对于包含映射则主要是指 $\mathcal{D}_m$ 映射关系的节点之间建立连接，而组合映射和分解映射则主要是指满足 $\mathcal{T}_m$ 和 $\mathcal{L}_m$ 映射关系的各个节点之间建立连接。用 $\mathcal{F}_c$（$O_1{:}C_1, O_2{:}C_2, \mathcal{M}$）来表示熔合连接，其中 C_1 表示本体 O_1 的一个概念或概念集合，C_2 表示本体 O_2 的一个概念或概念集合，$\mathcal{M}$ 表示 C_1 与 C_2 之间存在映射关系，即 $\{C_1\in O_1\wedge C_2\in O_2\}\rightarrow\{C_1=\mathcal{M}(C_2)\vee C_2=\mathcal{M}(C_1)\}$。为方便后面的描述，用 $\mathcal{F}_{cd}$ 来表示直接映射的熔合连接，用 $\mathcal{F}_{cs}$ 表示包含映射的熔合连接，用 $\mathcal{F}_{cc}$ 表示组合或分解映射的熔合连接。

本体集成可以分为三个步骤，分别描述如下：

第一步称为**直接映射的本体融合**（Ontology Fusion for Direct Mapping），该步骤主要是根据已经存在的映射关系构建一个熔合连接列表，这里的直接映射也包含复杂映射中的直接映射关系，用代码描述如下：

第二步称为**复杂映射的本体融合**（Ontology Fusion for Complex Semantic Mapping），主要针对复杂映射中不存在直接映射的各个节点之间建立连接关系，分包含映射和组合映射两种情况来考虑：

（1）对于两个包含映射关系 $\mathcal{M}_1$ 和 $\mathcal{M}_2$，其中 $\mathcal{M}_1$ 的映射关系为 R_1，C_0 为全局节点，$C_{11},C_{12},\cdots,C_{1n}$ 等为局部节点；$\mathcal{M}_2$ 的映射关系为 R_2，C_0 为全局节点，$C_{21},C_{22},\cdots,C_{2m}$ 等为局部节点；这里我们用到映射关系相似性的概念，如果 $JS(R_1,R_2)\geq 1\text{-}\varepsilon$，构建一个新的映射关系 $\mathcal{M}'$ 来建立相关概念之间的连接。通过下面的算法来构建它们的本体熔合。

（2）对于两个合成映射关系或分解映射关系则比较复杂。假定 $\mathcal{M}_1$ 和 $\mathcal{M}_2$ 为两个合成映射关系，其中 C_0 为全局节点，对于映射关系 $\mathcal{M}_1$ 来说，C_0 与 C_{11} 之间为直接映射，映射关系为 R_1，C_{1i} 与 $C_{1,i+1}$ 之间的关系分别为 $Concatenate_{1i}(1\leqslant i\leqslant n)$。同理可以定义映射 $\mathcal{M}_2$，C_0 与 C_{21} 之间为直接映射，映射关系为 R_2，C_{2i} 与 $C_{2,i+1}$ 之间的关系分别为 $Concatenate_{2i}(1\leqslant i\leqslant m)$，并且 $JS(R_1,R_2)\ \geqslant 1\text{-}\varepsilon$。我们对组合映射和分解映射中各连接关系 $Concatenate$ 作一个分析会就会发现存在两种情况①连接关系并不代表实际的含义，例如前面的例子 *address=contact(country, state, city, street, postcode)* 中，*country*，*state*，*city*，*street*，*postcode*

Algorithm 2: Direct_Fusion(S_M)

Input: S_M 表示映射集合；
Output: FL 表示熔合连接列表。

```
1    FL←∅
2    for each M in S_M do
3    switch M do
4    Case M belongs to 𝓜          /*如果映射为简单的直接映射*/
5        FL← FL + 𝓕cd(O1:C1, O2:C2, M), O1:C1∈ 𝓢∧ O2:C2∈ 𝓓
6    Case M belongs to 𝓢m
         /*如果映射为包含映射，并且 𝓓m 是 𝓢m 的直接映射表达式 */
7        let 𝓓m=(𝓢, 𝓓, 𝓡, V)
8        FL← FL + 𝓕cs(O1:C1, O2:C2, 𝓓m), O1:C1∈ 𝓢 ∧ O2:C2∈ 𝓓
9    Case M belongs to 𝓒m
         /*如果映射为组合映射，并且 𝓕m 是 𝓒m 的直接映射表达式 */
10       let 𝓕m=(𝓢, 𝓓, 𝓡, V)
11       FL← FL + 𝓕cc(O1:C1, O2:C2, 𝓕m), O1:C1∈ 𝓢 ∧ O2:C2∈ 𝓓
12   Case M belongs to 𝓓m
         /*如果映射为分解映射，并且 𝓛m 是 𝓓m 的直接映射表达式 */
13       let 𝓛m =(𝓢, 𝓓, 𝓡, V)
14       FL← FL + 𝓕cc(O1:C1, O2:C2, 𝓛m), O1:C1∈ 𝓢 ∧ O2:C2∈ 𝓓
15   otherwise  /*如果映射为分解映射*/
16       Erros Hander;
17   end case
18   end for
19   return FL
```

Algorithm 3: Subsumption_Fusion(M_1,M_2, ε)

Input: M_1,M_2 表示两个包含映射关系，ε 为语义相似度阈值；
Output: FL 表示熔合连接列表。

```
1    i=1, j=1, FL←∅
2    for each C2j in M2
3    switch the semantic similarity between C1i, and C2j do
4        case JS(C1i,C2j) ≥1-ε:
5            FL← FL + Fcd(C1i, C2j, M'), C1i∈ M1  /*表明在二者之间建立直接熔合连接*/
6            i=i+1;
7        case MSP(C1i,C2j) ≥1-ε:
8            FL← FL + Fcs(C1i, C2j, M') , C1i∈ M1  /*表明在二者之间建立包含熔合连接*/
9        case MGC(C1i,C2j) ≥1-ε:
10           FL← FL + Fcs(C2j,C1i, M') , C1i∈ M1   /*表明在二者之间建立包含熔合连接*/
11       otherwise:
12           i=i+1;
13   end case
14   end for
15   return  FL
```

之间的连接关系就符合这种描述。②某些连接关系代表具体的含义，例如对于映射：应付款=*total*(商品单价*购买数量)，连接关系存在具体的含义。

对于第一种情况，由于各个连接并不代表实际的意义，我们只需判断两个映射中的概念的语义相似度是否满足要求即可，如果 $JS(C_{1i},C_{2j})\geq 1\text{-}\varepsilon$（$1\leq i\leq n\wedge 1\leq i\leq m$），则在 *FL* 列表中增加一个 $\mathcal{F}_{c}(C_{1i},C_{2j},M')$记录。

在具体介绍第二种情况之前，我们首先介绍一些概念。对于组合映射（或分解映射）$\mathcal{M}_1$ 和 $\mathcal{M}_2$，$\mathcal{A}_{m1}$ 和 $\mathcal{A}_{m2}$ 分别表示其连接关系，说 $\mathcal{A}_{m1}$ 和 $\mathcal{A}_{m2}$ 是等价的，当且仅当：

- ◆ $\mathcal{A}_{m1}$ 和 $\mathcal{A}_{m2}$ 中连接关系的数量和概念数量是相同的，且连接关系均为有意义的连接。
- ◆ $\forall i(C_{1i}\sqsubseteq\forall Concatenate_{1,i+1}.C_{1,i+1},\ C_{2i}\sqsubseteq\forall Concatenate_{2,i+1}.C_{2,i+1})$，存在$(JS(C_{1i},C_{2i})\geq 1\text{-}\varepsilon)\wedge(JS(C_{1,i+1},C_{2,i+1})\geq 1\text{-}\varepsilon)\wedge(JS(Concatenate_{1,i+1},\ Concatenate_{2,i+1})\geq 1\text{-}\varepsilon)$。

用 $\mathcal{A}_{m1}\Leftrightarrow\mathcal{A}_{m2}$ 表示等价关系，如果其中 $\mathcal{A}_{m1}$ 和 $\mathcal{A}_{m2}$ 的概念数量分别为 *m* 和 *n*，记为 $|\mathcal{A}_{m1}|=m$，$|\mathcal{A}_{m2}|=n$，且 $m>n$，但 $\mathcal{A}_{m1}$ 中前 *n* 个概念及其连接关系仍与 $\mathcal{A}_{m2}$ 保持等价关系，则称 $\mathcal{A}_{m1}$ 包含 $\mathcal{A}_{m2}$，表示为 $\mathcal{A}_{m1}\Rightarrow\mathcal{A}_{m2}$。

设在 $\mathcal{A}_{m1}$ 和 $\mathcal{A}_{m2}$ 中，用 AU_1 和 AU_2 表示其连接关系为无意义连接概念和相应的连接的集合，用 AN_1 和 AN_2 为有意义连接的集合，并用 AE_1 和 AE_2 表示存在等价或包含连接的集合，在上述概念的基础上，我们通过下面的代码来描述组合映射的熔合连接。

Algorithm 4: Composition_Fusion(M_1,M_2, ε)

Input: M_1,M_2 表示两个包组合映射关系，ε 为语义相似度阈值；
Output: *FL* 表示熔合连接列表。

```
1     i=1, j=1, FL←∅
      /* 首先处理有意义连接中可以表示等价或包含关系的部分*/
2     for each C1∈ AE1 ,C2∈ AE2 do
3         if C1⇔ C2 then          /*表示二者为等价关系 */
4             FL← FL + Fcc(C1,C2, M')
5         else                    /*否则为包含关系 */
6             if | C1| > | C2| then
7                 Let C1' ⊂ C1 and C1' ⇔ C2
8                 FL← FL + Fcc(C1',C2, M')
9             else
10                Let C2' ⊂ C2 and C2' ⇔ C1
11                FL← FL + Fcc(C1,C2', M')
12            end if
13        end if
14    end for
      /* 然后处理无意义连接部分 */
15    for each C2j in AU2 do
16        for each C1i in AU1
17            if JS(C1i, C2j) ≥1-ε then
18                FL← FL + Fcc(C1i, C2j, M')
19        end for
20    end for
21    return FL
```

第三步称为规范融合（Canonical Fusion），它将最终完成将多个本体集成为一个本体的工作，描述如下：

（1）根据强映射条件对熔合列表FL中所涉及的本体概念及关系进行分类，对于类型为$\mathcal{F}_{cd}$或$\mathcal{F}_{ac}$的熔合连接，直接将相应的概念合并为一个概念，对于直接映射$\mathcal{M}(C_1,C_2, R, v_1)$、$\mathcal{M}(C_2,C_3, R, v_2)$和$\mathrm{M}(C_1,C_3, R, v_3)$，满足强映射关系，可以直接将$C_1$、$C_2$、$C_3$合并为一个节点，否则只能将$C_1$和$C_2$合并为一个节点，$C_2$和$C_3$合并为一个节点。对于类型为$\mathcal{F}_{as}$的熔合连接，用相应的映射关系$\preceq$构建它们之间的连接。

（2）对于不在 FL 中的其他概念和关系，保持原有结构复制到新的本体结构中。

6.3 基于语义的 XML 数据库获取机制

6.3.1 基于本体扩展的 XML 查询代数

本书综合了前面所介绍的多个 XML 代数表示方法，并对其进行了一定的扩充。主要思想如下：

（1）主体上采用 TAX XML 代数的表示方式，即在 XML 代数中引入 Pattern Tree 和 Witness Tree，并结合 OrientXA 对它进行了一定的扩充，将整个查询由三个 Pattern Tree 来定义，用 Source Pattern Tree 来表示查询动作或意向序列，用 Constructor Pattern Tree 来表示对结果的构造序列，用 Update Pattern Tree 来表示查询的更新操作序列。Witness Tree 是 Source Pattern Tree 的实例。

（2）在 Pattern Tree 的定义了结合 XTasy、OrientXA 和文献[84]的成果，即：①对于每一个节点，定义新的修饰符，主要是为了区别是节点绑定还是序列绑定，区分强绑定和弱绑定，并且区分是否连带进行子孙节点绑定。②对于每一条边，定义三种类型，即父子边、子孙边和元素属性边。

（3）新增了适用于本体查询的操作符如~、instance_of、isa, is_part_of、below、above 等。重新定义了大部分操作的语义及实现机制。

（4）扩充了 TAX 中关于 Wintness Tree 的定义，使它支持基于本体的操作。

定义 6-9　Source Pattern Tree　一个 Source Pattern Tree 是一个二元组 $SPT := (T, F)$，其中 $T := (V, E)$是一个有节点标识和边标识的树，F 是一个谓词表达式的组合。T 满足以下条件：

（1）每个节点有一个惟一的标识符，并且有以下修饰符：①是否序列绑定？用双圆圈表示序列绑定，用单圆圈表示节点绑定；②是否强绑定？用实线圆圈表示强绑定，虚线圆圈表示弱绑定；③是否连带绑定所有子孙节点？用 p 表示需要连带绑定所有子孙节点。

（2）每一条边表达了节点之间的关系，存在三种类型关系：①父子关系，用单实线表示；②祖先后代关系，用双实线表示；③元素属性边，用单虚线表示。

定义 6-10　Constructor Pattern Tree　一个 Constructor Pattern Tree 是一个二元组 $CPT := (T, F)$，其中 $T := (V, E)$是一个有节点标识和边标识的树，F 是一个谓词表达式的组合。T 满足以下条件：

1）节点定义如下：

$V := v(Tag\ Name)\ [= val]$

| c (PID)

val := atom | PID

其中，v(Tag Name) = val 表示新建一个节点，节点名为 Tag Name，节点值为 val；c(PID) 表示拷贝 input pattern tree上特定 PID 节点，包括节点名、节点值以及所有子孙节点。

（2）节点同时具有以下修饰符：①是否序列构造，用双圆圈表示序列构造。序列构造只适用于拷贝构造节点。

定义 6-12 Update Pattern Tree 一个 Update Pattern Tree 是一个二元组 $UPT:=(T, F)$，其中 $T:=(V, E)$是一个有节点标识和边标识的树，F 是一个谓词表达式的组合。T 满足以下条件：

（1）节点定义如下：

V := u(v.Tag Name) = val

| u(v.Tag Name) = v_1.Tag Name

| n(Tag Name) [=val]

| d(Tag Name)

（2）节点同时具有以下修饰符：①是否序列构造，用双圆圈表示序列构造。序列构造只适用于拷贝构造节点。

由于在 XML 代数中引入了本体及语义相似性判断机制，因此需要重新定义条件判数据操作符及条件判断的可满足性。因此，我们首先对 TAX 中的选择条件（selection condition）进行扩展，满足本体和语义映射及语义相似性判别的要求。

定义 6-13 选择条件（Selection condition）满足下列条件即为选择条件：

（1）原子条件即为选择条件。

（2）如果 c_1 和 c_2 为选择条件，则 $c_1 \wedge c_2$、$c_1 \vee c_2$ 和 $\neg c_1$ 为选择条件。

（3）除此以外，不再有其他形式的选择条件。

其中，原子条件（Atomic condition）由类似于 $X\ opY$ 的 表达式组成。

（1）$op \in$ {=, ≠, <, ⩽, >, ⩾, ~, **instance_of, isa, is_part_of, below, above**}；

（2）X 和 Y 为条件术语，包括属性（attribute）、类型（type）、类型取值（type values）$v{:}\tau$，其中 $v \in dom(\tau)$，本体语义等。

（3）~表示语义相似性判断。

6.3.2 基于本体集成的查询重写

在基于本体集成的环境下，在中介者组件中提供一个全局的语义环境，该语义环境通过前面所介绍的本体集成方法来构建，因此查询递交给各个节点来执行时，首先根据语义环境对查询进行重写。本节重点介绍基于全局本体的查询重写机制。

为简化讨论过程，本书只讨论选择（Selection）操作的重写机制，在 OrientXA 中，一个选择操作可以表示为 $\sigma_{P_i,P_o,PE}(X)=\{x \mid x \prec X, P_o(x), PE(x)\}$，其中 P_i 为输入 Pattern Tree，P_o 为输出 Pattern Tree，PE 为谓词链表。为方便讨论，我们将其表示为 σ(X, Y)，$\{X \subseteq P_i \cup P_o, Y \subseteq PE\}$，定义两个算子⋈、∪分别表示联合（Union）和连接（Join）。

首先讨论对 Pattern Tree（即上面表达式中的 X）进行重写的问题，可能会有下面几种情况：

（1）X 与 X_1，X_2，…，X_n 概念同属于全局本体的上一个节点，而且 $X_i(1 \leqslant i \leqslant n)$分别属

于不同局部本体的概念，即在进行本体集成时，来源于不同本体之间的概念语义相似度相同多个概念熔合为一个节点，此时 X 重写为 $X \cup \bigcup_{1\leqslant i\leqslant n} X_i$；

（2）X 概念由 $X_i(1\leqslant i\leqslant n)$通过组合映射或包含映射而形成的概念，此时 X 重写为 $\bigcup_{1\leqslant i\leqslant n} X_i$

对应的查询操作可以表示为：

$$\sigma(X_1 \cup X_2, Y) = \sigma(X_1, Y) \cup \sigma(X_2, Y) \tag{6-5}$$

再讨论对谓词表达式（即选择表达式中的 Y）进行重写的情况，它同样会存在几种情况，分别描述如下：

（1）概念 Y 在全局本体所属的节点同时有多个概念 Y_i（$1\leqslant i\leqslant n$）熔合，则将 Y 重写为 $Y \cup \bigcup_{1\leqslant i\leqslant n} Y_i$；

（2）概念 Y 由 $Y_i(1\leqslant i\leqslant n)$通过包含映射形成的概念，则将 Y 重写为 $\bigcup_{1\leqslant i\leqslant n} Y_i$；

（3）概念 Y 由 $Y_i(1\leqslant i\leqslant n)$通过组合映射形成的概念，设其组合条件为 F，则将 Y 重写为$(Y_1+Y_2+\cdots Y_n) \cap F$。

对应的选择操作的重写可以用下面的表达式来体现：

$$\sigma(X, Y_1 \cup Y_2) = \sigma(X, Y_1) \cup \sigma(X, Y_2) \tag{6-6}$$

$$\sigma(X, (Y_1 + Y_2) \cap F) = \sigma(X, Y_1 \wedge F) \bowtie \sigma(X, Y_2 \wedge F) \tag{6-7}$$

值得指出的是由于映射的传递性，上述过程可能是一个递归过程，可用下面的代码完整表述以上重写过程。

Algorithm 5: SEL_Rewrite_X(X)

Input: X 表示选择表达式中的 Pattern Tree，包含 Input Pattern Tree 和 Output Pattern Tree；

```
1   for each x∈X
2   switch Mappings of X node do
3       case funsion_node:   /*有多个相似概念*/
4
        x ← x ∪ ⋃_{1≤i≤n} x_i
5
6       for each e_i
7           SEL_Rewrite_X(x_i,) /*递归重写 x_i*/
8       end for
9       case subsumption or composition: /*组合或包含*/
10
        x ← ⋃_{1≤i≤n} x_i
11
12      for each e_i
13          SEL_Rewrite_X(x_i,) /*递归重写 x_i*/
14      end for
15  end case
16  end for
```

Algorithm 6: SEL_Rewrite_Y(*Y*)

Input: *Y* 表示选择表达式中的谓词列表；

```
1   for each y∈Y
2   switch Mappings of Y node do
3       case funsion_node:  /*有多个相似概念*/
4       y ← y ∪ ⋃_{1≤i≤n} y_i
5
6       for each y_i
7           SEL_Rewrite_Y(y_i,) /*递归重写 y_i*/
8       end for
9       case subsumption: /*包含*/
10      y ← ⋃_{1≤i≤n} y_i
11
12      for each y_i
13          SEL_Rewrite_Y(y_i,) /*递归重写 y_i*/
14      end for
15      case composition: /*组合*/
16      y ← (y_1+y_2+⋯+y_n)∩F
17      for each y_i
18          SEL_Rewrite_Y(y_i,) /*递归重写 y_i*/
19      end for
20  end case
21  end for
```

下面讨论基于本体查询过程中减小冗余的问题，所谓冗余是指满足下面的条件：$\exists(i,j)\{X_i\in P_o\wedge X_j\in P_o\wedge X_i\cap X_j\neq\varnothing\}$

很明显，冗余主要是针对输出 Pattern Tree 而言的，对于上面的情况，通过公式（6-8）重写选择操作：

$$\sigma(X_1\cup X_2,Y)=\sigma(X_1,Y)\cup\sigma(X_2-(X_1\cap X_2),Y)\qquad(6\text{-}8)$$

6.4　相关讨论

基于中介者模式的信息集成方法的优点：

（1）基于中介者模式的信息集成环境提供了一个开放的结构，新的节点只需构建一个本地本体及语义包装器（Wrapper），并提供标准的接口（具体需要提供什么接口根据系统需求而定，例如，在 OBSA 中采用 Web Service 构建本地包装器，则提供服务注册／注销、本体映射、查询等接口)，就可以加入到集成环境中去；同时，退出集成环境也十分容易。

（2）中介者模式屏蔽了各局部节点的异构性，采用统一的方式对数据进行处理，例如：局部节点数据表示方法、查询机制可能存在很大的不同。中介者模式采用统一的方式接受用户的请求，并将请求进行一定的处理（例如重写变换、制定规划、优化处理等），然后转换提交相应的局部节点并行执行。局部节点通过本地包装器将查询请求转换成本地信息源认可的查询或处理方式执行，然后将结果转换成统一的方式交给中介者，中介者将结果返回给用户。

（3）可以采用多种方式提供语义视图信息，优化查询执行过程，例如 GAV、LAV 或 GLAV 等方式等。

基于复杂映射语义集成机制的优点，主要表现在以下几个方面：

（1）通过复杂映射，解决了语义不完整的问题。例如本节开头提到的例子，采用一对一的映射只能构建两个不同的语义分支，而利用语义相似度，通过复杂映射机制及本书提到的算法，则可以在全局的环境下构建一个完整的语义概念。

（2）通过复杂映射减小了全局本体的信息冗余度，两个结果如果表示了同一个概念的相同属性，则在全局本体中可以熔合为一个属性。

（3）基于语义相似度的复杂映射机制，使得本体集成更完整，更能完整表述各局部本体之间的联系。

基于集成语义的查询机制有如下的优点：

（1）本书所介绍的方法部分地解决了查询中语义不一致的问题（Semantic Inconsistency），特别是语义不完全或语义缺失的问题。如前所述，一个概念如果有部分属性值并不在本地本体中进行表述，而在另一个节点的本体中进行了描述，通过复杂映射机制，可以将两个本体进行合并形成一个完整的概念，相应的查询重写机制保证能完整地从两个节点获取满意的结果。

（2）减小查询的冗余度，提高查询效率，对于分布于不同节点的概念之间如果存在相同的属性，则无须重新获取这些相同属性的值。

（3）查询更加精确，通过语义相似度及扩展语义查询操作符可以获取更符合需要的结果。

然而，采用基于中介者的方法进行数据处理也存在一些需要改进的地方，主要表现在下面几个方面：

（1）首先是如何提高各局部节点包装器的语义映射表的复用的问题，各局部节点映射表中可能包含着相同的语义映射信息，造成信息的冗余，如何提高这些信息的利用率是一个需要进一步探讨的问题。

（2）语义不一致的问题依然存在，本书通过语义集成的方法探讨了一些解决语义不一致的问题的方法，但有些问题依然存在，例如各节点之间的语义映射关系相互矛盾，本书并没有提供相应的解决方案，文献[85,86]等对此进行了探讨。

6.5 本章小结

本章首先讨论了基于语义相似度的复杂本体映射机制，包括直接本体映射、包含本体映射、组合本体映射及分解本体映射机制等，定义了这些映射机制的语义相似度计算方法及相

应的映射特性。在详细讨论本体映射机制的基础上，讨论了 Mediator-Wrapper 环境下的本体集成机制，详细讨论了本体集成的步骤及相应的算法。本章的第二部分讨论了在一个本体集成环境下如何扩展 XML 代数来支持基于语义的查询机制，并重点讨论了选择操作的实现算法，讨论了这种语义查询机制的优点及需要改进的问题。

第七章 网格环境下 XML 信息集成

网格就是一个集成的计算与资源环境，或者说是一个计算资源池[87]。网格能够充分吸纳各种计算资源，并将它们转化成一种随处可得的、可靠的、标准的同时还是经济的计算能力。除了各种类型的计算机，这里的计算资源还包括网络通信能力、数据资源、仪器设备，甚至是人等各种相关的资源。网格是借鉴电力网(Electric Power Grid)的概念提出来的，其最终目的是希望用户在使用网格计算能力时，如同现在使用电力一样方便[88,89,90,91]。我们在使用电力时，不必知道它是从哪个地点的发电站输送来的，也不必知道该电力是通过什么样的发电机产生的，我们使用的是一种统一形式的“电能”。网格也希望给最终的使用者提供的是与地理位置无关，与具体的计算设施无关的通用的计算能力。根据求解问题的特点，人们提出了多种名称的网格，比如以数据密集型问题的处理为核心的数据网格，以解决科学问题为核心的科学网格，以全球地球系统模型问题求解为主要目的的地球系统网格，等等。

在现代科学研究和应用领域中，大量的数据是重要的资源，例如全球气候模拟、高能物理、生物计算、战场仿真、核模拟、数字地球、大规模的信息和决策支持系统等应用，其数据量将达到几十 TeraByte 至 PetaByte 的级别。地理上广泛分布的该领域的科研工作者或用户都希望能够访问和分析这些庞大的数据，但其分析方法往往是计算复杂、计算量大，许多数据分析处理要求千亿次或万亿次规模的计算能力。而现有的数据管理体系结构、方法和技术已经不能满足人们对高性能、大容量分布存储和分布处理能力的要求。因此，在计算网格的基础上所提出的数据网格（Data Grid）的构想，就是用于解决数据密集型应用在处理上所面临的问题。目前的数据网格研究主要集中于元数据管理与信息服务、数据访问机制、复制管理、高速数据传输机制、资源调度与远程远行机制及数据的安全技术等方面[92]。

然而，目前对于数据网格的研究存在以下不足：①对于数据源的选择不具备网格技术应有的灵活性，以 OGSA-DAI 为例，它目前只支持有限的关系数据库和 Native XML 数据库，并没有提供对其他数据库的支持，更无法支持基于互联网的半结构化的数据环境如企业 Web 应用、基于 XML 的电子商务平台等。而且，OGSA-DAI 并没有提供一种有效的机制使得其他的数据源比较容易地加入网格环境中。②同前面讨论的一般分布式环境一样，网格环境下的各个节点是可能存在不同的语义环境之中的，各数据源按照不同的语义标准而构建。目前的数据网格技术并没有考虑不同节点之间的语义不一致问题。

本章在总结前面所介绍的各项基于语义的半结构化数据处理技术的基础上，将其扩展到数据网格的处理领域，以期能够在现在的开放式网格平台环境下实现基于语义的数据处理。主要做了两个方面的工作：

（1）提出了一个 Semantic based Grid Data Adapter Service（SGDAS），它利用前面所介绍的 Mediator-Wrapper 思想，在兼容现有的 OGSA-DAI 的标准下，支持基于语义的半结构化数据处理。

（2）目前的网格之间的通信均构建于 HTTP/SOAP 协议基础之上，这种通信协议并不

能完整体现各节点之间语义映射、协调及相关背景知识的交流。本章的另一个主要工作是在SOAP协议的基础之上，设计了一个基于语义的通信协议，它充分参考了用于Agent通信的KQML，实现了各节点之间基于本体的知识通信能力。

7.1 网格与数据网格

7.1.1 网格的体系结构

网格体系结构用来划分系统的基本组件，指定系统组件的目的和功能，说明组件之间如何相互作用，规定了网格各部分相互的关系与集成的方法。可以说，网格体系结构是网格的骨架和灵魂，是网格技术中最核心的部分。目前比较重要的网格体系结构有两个，一个是Foster等在早些时候提出的五层沙漏结构，然后就是在以IBM为代表的工业界的影响下，考虑到 Web 技术的发展与影响后，Foster 等结合 Web Service 提出的开放网格服务结构OGSA(Open Grid Service Architecture)。本节重点介绍后者。

1. 五层沙漏模型

五层沙漏结构是一种早期的抽象层次结构，以“协议”为中心，强调协议在网格的资源共享和互操作中的地位。通过协议实现一种机制，使得虚拟组织的用户与资源之间可以进行资源使用的协商、建立共享关系，并且可以进一步管理和开发新的共享关系。这一标准化的开放结构对网格的扩展性、互操作性、一致性以及代码共享都很有好处。图7-1为五层沙漏结构的典型结构图。

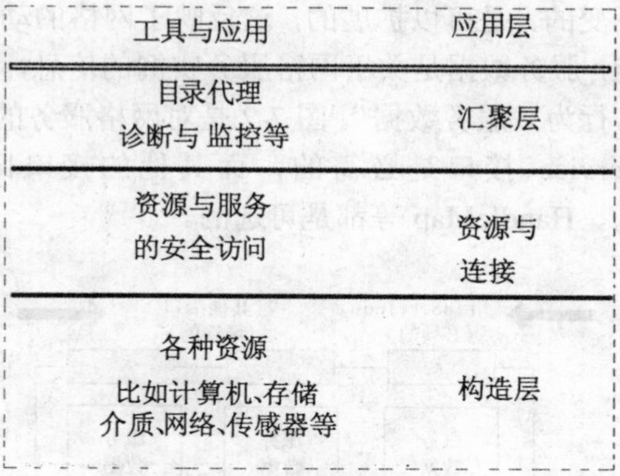

工具与应用	应用层
目录代理 诊断与监控等	汇聚层
资源与服务 的安全访问	资源与 连接
各种资源 比如计算机、存储 介质、网络、传感器等	构造层

图7-1　五层沙漏结构

五层结构之所以形如沙漏，是由各部分协议数量的分布不均匀引起的。考虑到核心的移植、升级的方便性，核心部分的协议数量相对比较少（例如Internet上的TCP和HTTP），对于其最核心的部分，要实现上层协议（沙漏的顶层）向核心协议的映射，同时实现核心协议向下层协议（沙漏的底层）的映射。按照定义，核心协议的数量不能太多，这样核心协议就成了一个协议层次结构的瓶颈。在五层结构中，资源层和连接层共同组成这一核心的瓶颈部分，它促进了单独的资源共享。

2. OGSA

（1）OGSA 的目标

① 跨分布式异构平台管理资源。

② 交付无缝的服务质量（Quality of Service，QoS）。网格的拓扑结构通常十分复杂，而且网格资源的交互往往是动态的。网格必须可以提供健壮的后台服务，比如授权、访问控制和委托等。

③ 为自治管理解决方案提供公共基础。网格可以包含许多资源，还有大量的配置组合、交互以及状态与故障模式的改变。对于这些资源来说，一些智能自动调节与自治管理方式是必不可少的。

④ 定义开放的、已公布的接口。OGSA 是一种由 GGF 标准团体进行管理的开放式标准。为了不同资源的互操作性，网格必须构建在标准接口及协议之上。

⑤ 利用行业标准的集成技术。OGSA 的创始者很有远见地利用了现有解决方案。OGSA 的基础是 Web Service。

（2）OGSA 的基本思想

OGSA 最突出的思想就是以“服务”为中心。在 OGSA 框架中，将一切都抽象为服务，包括计算机、程序、数据、仪器设备等。这种观念，有利于通过统一的标准接口来管理和使用网格。Web Service 提供了一种基于服务的框架结构，但是，Web Service 面对的一般都是永久服务，而在网格应用环境中，大量的是临时性的短暂服务，比如一个计算任务的执行等。考虑到网格环境的具体特点，OGSA 在原来 Web Service 服务概念的基础上，提出了“网格服务（Grid Service）”的概念，用于解决服务发现、动态服务创建、服务生命周期管理等与临时服务有关的问题。基于网格服务的概念，OGSA 将整个网格看做是“网格服务”的集合，但是这个集合不是一成不变的，是可以扩展的，这反映了网格的动态特性。网格服务通过定义接口来完成不同的功能，服务数据是关于网格服务实例的信息，因此网格服务可以简单地表示为“网格服务＝接口/行为＋服务数据”。图 7-2 是对网格服务的简单描述。在目前 OGSA 的定义中，只有 GridService 接口是必需的，而其他的接口比如 NotificationSource、NotificationSink、Registry、HandleMap 等都是可选的。

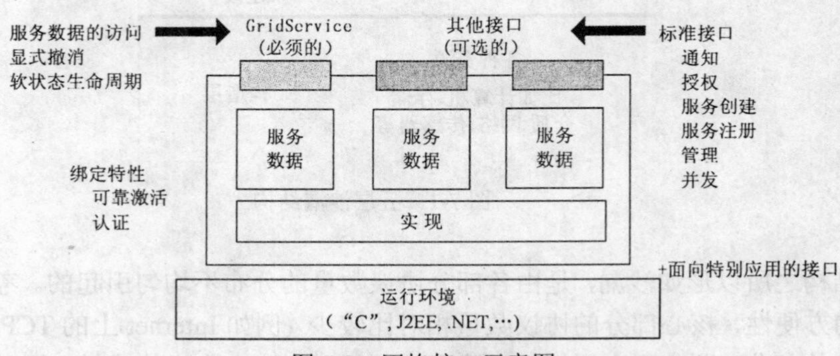

图 7-2 网格接口示意图

目前，网格服务提供的接口还比较有限，如表 7-1 所示，OGSA 还在不断的完善过程之中，下一步将考虑扩充管理、安全等方面的内容。

表 7-1　　网格服务的接口

接口操作描述	操　作	描　述
GridService	FindServiceData	查询网格服务实例的各种信息
	SetTerminationTime	设置并得到网格服务实例的终止时间
	Destroy	终止网格服务实例
NotificationSource	SubscribeToNotificationTopic	向通知发送者进行登记
	UnSubscribeToNotificationTopic	取消登记
NotificationSink	DeliverNotification	异步发送消息
Registry	RegisterService	网格服务句柄的软状态注册
	UnRegisterService	取消注册的网格服务句柄
Factory	CreateService	创建新的网格服务实例
PrimaryKey	FindByPrimaryKey	返回根据特定键值创建的网格服务句柄
	DestroyByPrimaryKey	撤消特定键值创建的网格服务实例
HandleMap	FindByHandle	返回与网格服务句柄相联系的网格服务实例

（3）OGSA 架构

OGSA 架构由四个主要层次构成（见图 7-3），从下到上依次为：资源，物理资源和逻辑资源；Web 服务，以及定义网格服务的 OGSI 扩展；基于 OGSA 架构的服务；网格应用程序。

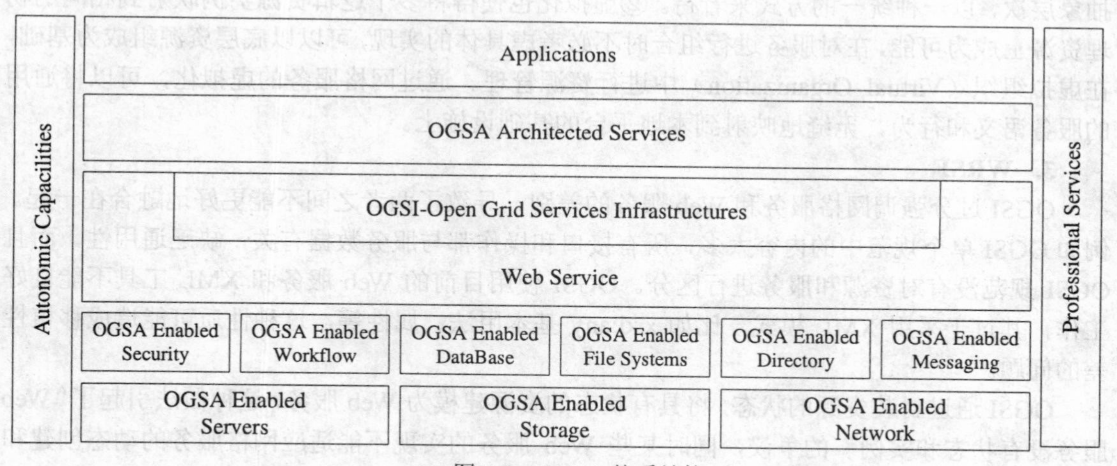

图 7-3　OGSA 体系结构

● 物理和逻辑资源层

资源的概念是 OGSA 以及通常意义上的网格计算的中心部分。构成网格能力的资源并不仅限于处理器。物理资源包括服务器、存储器和网络。物理资源之上是逻辑资源。它们通过虚拟化和聚合物理层的资源来提供额外的功能。通用的中间件，比如文件系统、数据库管理员、目录和工作流管理人员，在物理网格之上提供这些抽象服务。

● Web 服务层

OGSA 架构中的第二层是 Web 服务。OGSA 有一条重要的原则：所有网格资源（逻辑的与物理的）都被建模为服务。OGSI 规范定义了网格服务并建立在标准 Web 服务技术之上。OGSI 利用诸如 XML 与 Web 服务描述语言（Web Services Description Language，WSDL）这样的 Web 服务机制，为所有网格资源指定标准的接口、行为与交互。OGSI 进一步扩展了 Web 服务定义，提供了动态的、有状态的和可管理的 Web 服务的能力，这些在对网格资源进行建模时都是必需的。

• 基于 OGSA 架构的网格服务层

Web 服务层及其 OGSI 扩展为下一层提供了基础设施：基于架构的网格服务。GGF 目前正在致力于在诸如程序执行、数据服务和核心服务等领域中定义基于网格架构的服务。随着这些新架构的服务开始出现，OGSA 将变成更加有用的面向服务的架构（SOA）。

• 网格应用程序层

随着时间的推移，一组丰富的基于网格架构的服务不断被开发出来，使用一个或多个基于网格架构的服务的新网格应用程序亦将出现。这些应用程序构成了 OGSA 架构的第四个主要的层。

在 OGSA 中，可以基于简单的基本的服务，形成更复杂、更高级、更抽象的服务。比如一个复杂的计算问题所需要的服务，包括网络、存储、数据查询、计算资源等各方面的服务，可以将这些基本的服务组织起来，形成一个高级的抽象服务，方便地为应用提供支持。以网格服务为中心的模型具有如下好处：①由于网格环境中所有的组件都是虚拟化的（virtualized），因此，通过提供一组相对统一的核心接口，所有的网格服务都基于这些接口实现，就可以很容易地构造出具有层次结构的、更高级别的服务，这些服务可以跨越不同的抽象层次，以一种统一的方式来看待。②虚拟化也使得将多个逻辑资源实例映射到相同的物理资源上成为可能，在对服务进行组合时不必考虑具体的实现，可以以底层资源组成为基础，在虚拟组织（Virtual Organization）中进行资源管理。通过网格服务的虚拟化，可以将通用的服务语义和行为，无缝地映射到本地平台的基础设施上。

3. WRSF

OGSI 过分强调网格服务和 Web 服务的差别，导致了两者之间不能更好地融合在一起。例如 OGSI 单个规范中的内容太多，所有接口和操作都与服务数据有关，缺乏通用性，而且 OGSI 规范没有对资源和服务进行区分。OGSI 使用目前的 Web 服务和 XML 工具不能良好工作，其过于采用 XML 模式，比如 xsd:any 基本用法、属性等，这种性质可能造成移植性差的问题。

OGSI 通过封装资源的状态，将具有状态的资源建模为 Web 服务，这种做法引起了“Web 服务没有状态和实例”的争议，同时某些 Web 服务的实现不能适应网格服务的动态创建和销毁。另外，网格服务的定义语言 GWSDL 不能作为可支持 Web 服务描述语言 WSDL 1.1 的功能扩展，由于 WSDL 2.0 发布的延滞使之很难支持 OGSI 定义。

对应开放网格服务基础架构 OGSI 1.0 版的推出，并试图解决 OGSI 和 Web 服务之间存在的矛盾，Web 服务资源框架 WSRF 被提了出来。2004 年 3 月，IBM、BEA 与微软联合发布了 WS-Addressing 协议。基于该协议规范，Globus 联盟和 IBM 迅速推出了 Web 服务资源框架 WSRF。结构信息标准化促进组织（OASIS）随即成立了两个技术委员会，分别是网络服务资源框架技术委员会（WSRF TC）和网络服务通告技术委员会（WSN TC）。

WSRF 采用了与网格服务完全不同的定义：资源是有状态的，服务是无状态的。为了充

分兼容现有的 Web 服务，WSRF 使用 WSDL 1.1 定义 OGSI 中的各项能力，避免对扩展工具的要求，原有的网格服务已经演变成了 Web 服务和资源文档两部分。WSRF 推出的目的在于，定义出一个通用且开放的架构，利用 Web 服务对具有状态属性的资源进行存取，并包含描述状态属性的机制，另外也包含如何将机制延伸至 Web 服务中的方式。

WSRF 的规范是针对 OGSI 规范的主要接口和操作而定义的，它保留了 OGSI 中规定的所有基本功能，只是改变了某些语法，并且使用了不同的术语进行表达。

成立网络服务通告技术委员会的目的在于定义多项规格，并进行以通知模式作为网络服务互通方式的标准化工作。利用通知模式，网络服务在传播信息给其他网络服务时，不必预先知道这些网络服务。该委员会将修订 WS-Notification Framework 的相关规格，并且会发布 WS-NotificationPolicy 规格，作为详细描述通告的相关政策语言。WSRF 使 Web 服务体系结构发生了以下两点演变：

◆ 提供了传输中立机制来定位 Web 服务；

◆ 提供获取已发布服务的信息机制集，具体的信息包括 WSDL 描述、XML 模式定义和使用这项服务的必要信息。

和 OGSA 的最初核心规范 OGSI 相比，WSRF 的优势表现为如下五点：

◆ 融入 Web 服务标准，同时更全面地扩展了现有的 XML 标准，在目前的开发环境下，使其实现简单化。

◆ OGSI 中的术语和结构让 WS 组织感到困惑，因为 OGSI 错误地认为 Web 服务一定需要很多支撑的构建。WS-Resource Framework 通过对消息处理器和状态资源进行分离来消除上述隐患，明确了其目标是允许 Web 服务操作对状态资源进行管理和操纵。

◆ OGSI 中的 Factory 接口提供了较少的可用功能，在 WS-Resource Framework 中定义了更加通用的 WS-Resource Factory 模式。

◆ OGSI 中的通知接口不支持通常事件系统中要求的和现存的面向消息的中间件所支持的各种功能，WS-Resource Framework 中规范弥补了上述的不足，从广义角度来理解通知机制，状态改变通知机制正是建立在常规的 Web 服务的需求之上。

◆ OGSI 规范的规模如此庞大，使读者不能充分理解其内容，以及明确具体任务中所需的组件。在 WS-Resource Framework 中通过将功能进行分离，使之简化并拓展了组合的伸缩性。

7.1.2 OGSA-DAI

OGSA-DAI 即开放网格服务架构数据访问和集成(Open Grid Services Architecture Data Access and Integration)。它符合基于 OGSA 的网格标准，并在 Globus Toolkit 3. 0 上进行开发。支持 DB2、Oracle、Xindice、MySql 等数据库管理系统。

网格数据库是对现有数据库的网格化，基于开放网格服务体系结构提供网格数据库服务，使网格用户或其他网格服务可通过网格数据库服务访问网格中的各种异构数据库，从而达到数据资源的高度共享和协同处理，对数据资源的访问更加透明、高效、可靠，网格数据处理的能力更强，满足虚拟组织的数据处理需求。

OGSA-DAI 项目致力于构建通过网格来访问和集成不同的孤立数据源的中间件，是由 UK Database Task Force 发起的，现在正在和全球网格论坛数据访问和集成服务工作组(GGF

DAIS-WG)以及 Globus 团队联合开发。OGSA-DAI 项目与 DAIS 相吻合，它有望成为 DAIS 网格数据库服务推荐标准的第一个参考实现。

OGSA-DAI 的目标是在网格环境下为数据访问和集成提供统一的服务接口。通过 OGSA-DAI 接口，分布式数据源被视为逻辑上单一的资源，资源的异构性对用户透明。此外，OGSA-DAI 还允许这些资源在 OGSA 的框架内进行集成。OGSA-DAI 网格服务提供基础方法来完成复杂的操作，比如数据联盟、在虚拟组织进行分布式查询，但它对外隐藏了如数据库驱动、数据格式和从客户端的传输机制等技术细节。

DAIS 工作组于 2002 年 2 月在 GGF4 会议上成立，它寻求与 OGSA 相适应的网格数据库服务标准，其目标是提供对现有自治数据源的一致访问，而不是另外开发一个新的数据存储系统。更准确地说，是要使这些系统在网格框架内更易于个别地或共同地使用。DAIS 于 GGF9 上提出一个网格数据库服务的初始版，今后也将支持更广泛的数据库的访问和集成，例如：文件系统、来自仪器和设备的数据流。

目前使用 OGSA-DAI 的项目有：AstroGrid、Biogrid、BioSimGrid、Bridges、FirstDIG、GeneGrid、ODD-Genes、OGSA-WebDB。

体系结构。OGSA-DAI 的体系结构如图 7-4 所示。

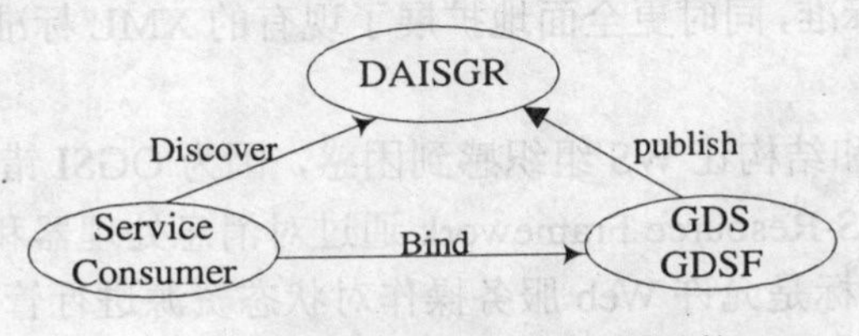

图 7-4　OGSA-DAI 体系结构

可以看出，OGSA-DAI 的体系结构与 Web Service 很相似，都是 Discover、Bind、Publish 机制。

下面对 OGSA-DAI 中使用的术语进行简单介绍。

网格数据服务(Grid Data Service，GDS)：通过这项服务可以访问某个数据资源(关系数据库或 XML 数据库，也可以是存储在普通文件中的数据)。

网格数据服务工厂(Grid Data Service Factory，GDSF)：这项服务用于创建一个 GDS 实例，来访问特定的数据资源。

服务组注册器(Service Group Registry，DAISGR)：这项服务用于找到所需要的 GDS，也可以通过它找到用于创建所需 GDS 的工厂。

执行文档(Perform Document)：一种 XML 格式的文档，用于定义要在 GDS 上执行的活动，如一条 SQL 查询，然后再定义如何将查询的结果传送给第三方。

响应文档(Response Document)：一种 XML 格式的文档，是 GDS 处理执行文档后返回的结果。

活动(Activity 或 Activities)：实现程序功能的核心模块。

它们之间的交互关系如图 7-5 所示。

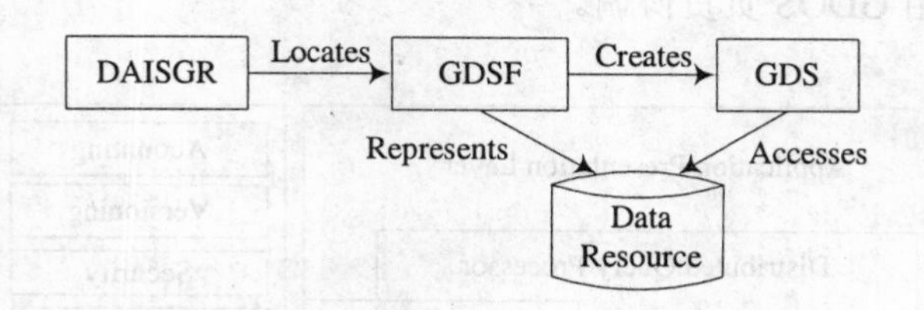

图 7-5　OGSA-DAI 各元素间交互关系

整个交互过程如图 7-6 所示。

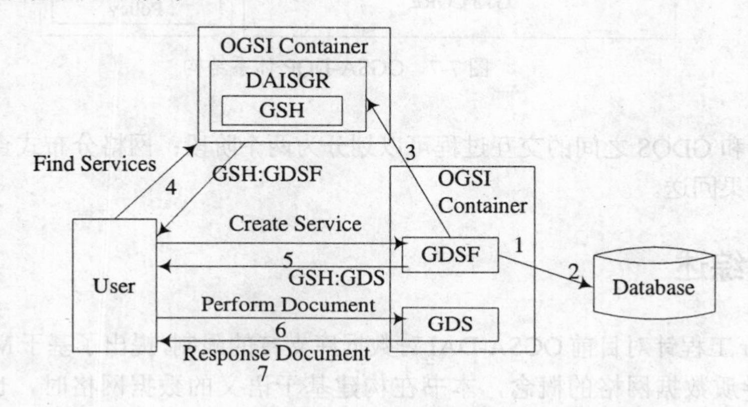

图 7-6　OGSA-DAI 具体交互流程

① 运行 OGSI container 为永久性服务；

② 在此时 GDSF 代表 database：Frogs Database；

③ GDSF 在 DAISGR 上注册；

④ 如果用户想了解数据库，可以直接查询 GDSF，也可以通过 DAISGR 定位合乎需要的 GDSF；

⑤ 用户请求创建一个 GDS；

⑥ 用户发送 Perform Document 和 GDS 通信进行交互；

⑦ GDS 返回一个 Response Document；

⑧ 用户销毁 GDS 或者让其自动消亡。

7.1.3　OGSA-DQP

OGSA-DQP(Open Grid Services Architecture-Distributed Query Processing)[93,94]研究网格环境下的分布式查询处理，其层次体系结构如图 7-7 所示，它利用 OGSA-DAI 框架所提供的服务来访问异构数据源，主要提供两个方面的服务：Grid Distributed Query Service (GDQS) 和 Grid Query Evaluation Service (GQES)。GDQS 的实现充分利用了 Polar 项目(网格环境下的分布式查询处理器)中查询编译器和查询优化器的功能，为用户提供统一的交互界面，它可以看做是查询编译器/优化器和 GQES 实例之间的一个中介。GQES 则用于具体执行 GDQS 分配给它的一个子查询任务。GQES 实例的个数以及它们在网格中的定位是由 GDQS 依据查询优化器确定的，GQES 实例的创建和规划是一个动态过程，每个 GQES 实例代表一个子查询，它们之间的交互由 GDQS 负责协调。

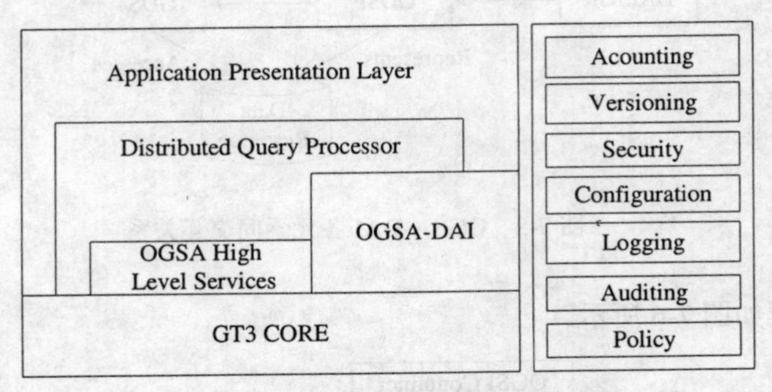

图 7-7　OGSA-DQP 体系结构

一个客户和 GDQS 之间的交互过程可以划分为两个阶段：网格分布式查询服务的建立，查询执行和结果回送。

7.2　研究综述

GridMiner 工程针对目前 OGSA-DAI 对数据库支持的限制，提出了基于 Mediator-Wrapper 的方式构建异质数据网格的概念，本书在构建基于语义的数据网格时，也采用了类似的思想[95,96]。OGSA-WebDB[97]提供了一个兼容 OGSA 协议的数据网格结构的接口，它允许支持 OGSA-DAI 的网格应用程序通过结构化的查询语言（SQL）查询 Web 环境下的信息资源，它同样支持基于 Mediator-Wrapper 的数据访问模式。基于网格环境的知识流定义了一种基于协作环境的知识共享机制[98,99,100]。

7.3　总体结构

构建支持语义的数据网格（Semantic based Data Grid，SDG），需要满足以下要求：

◆　保持体系结构的开放性及与现在标准的兼容性。比较合理的选择是在 OGSA 或 WSRF 标准的基础上构建 SDG，并充分考虑与 OGSA-DAI 的兼容性。

◆　要提供一种灵活的方式或结构便于集成各种数据源，包括关系数据库、Native XML 数据库（NXD）或 Web 应用系统等。

◆　提供对全局环境下的语义的支持，而不仅仅提供一个局部节点或节点群（例如一个集群环境或局域网环境）的语义的支持。

因此，在设计支持语义的数据网格体系结构时，借鉴分布式集成系统中的 Wrapper-Meditaor 的思想，通过在网格环境下设计支持 OGSA-DAI 服务接口标准的 Mediator 和 Wrapper，用于构建基于语义的查询等服务。通过支持语义的 Wrapper 来封装各个数据源，如关系数据库、NXD 或 Web 应用系统等，其封装方式与 OBSA 系统中的封装方式类似，利用 Mediator 构建一个全局的语义环境，并且在此基础上提供标准的 OGSA-DAI 服务，即支持 OGSA-DAI 的 GDS 服务，使得其他应用系统能通过标准的 OGSA-DAI 应用接口访问各种数据源，也就是说通过 Mediator 构建一个支持 OGSA-DAI 的虚拟数据源（Virtual Data Source，

VDS)。为保证各个 Mediator 之前能够互相进行协调，通过语义进行整个体系结构可以用图 7-8 来表示。

在图 7-8 中，各节点通过一个 Semantic based Data Grid Adapter Service （简写为 SDG Adapter Service）来构建支持语义的数据网格节点，它提供三个方面的功能，①提供 Wrapper 的功能，用于封装本地的数据源；②提供 OGSA-DAI 的 Virtual Data Source 的功能，用于提供标准的 OGSA-DAI 接口；③通过与其他 Adapter Service 协调提供一个全局的 Mediator 功能。

与 OBSA 系统类似，各个局部本体通过构建一个局部本体来描述本地的数据源，并提供相应的映射列表来实现不同节点之间的语义映射。

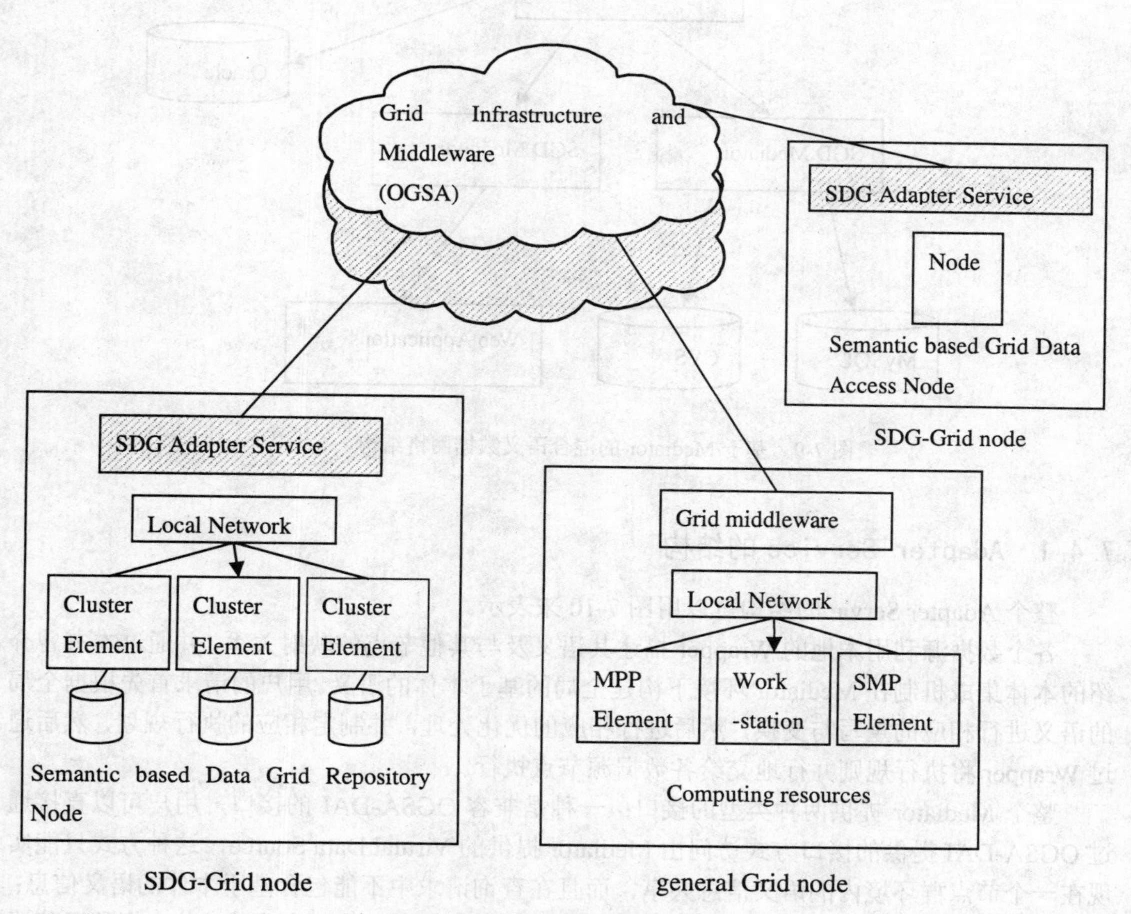

图 7-8 支持语义的数据网格体系结构

7.4 基于 SDG Adapter Service 的中介者结构

各 Adapter Service 通过基于本体的知识通信机制构建全局环境下的 Mediator，然而由于网格环境中各节点存在很大的差异性，各 Adapter Service 将会呈现出一个混合的结构，即各个 Adapter Service 在整个网格环境中的角色会根据其节点的特性（如所在位置、能够提供的服务及提供服务的能力等）而存在一定的差异性，这可以通过图7-9来说明。本书采用本体来描述各 Adapter Service 在网格环境下的这种混合特性。本节内容安排如下，首先介绍 Adapter Service 所呈现的整体结构，然后介绍构建混合结构的 Mediator 的本体描述机制，最后介绍 Adapter Service 提供标准的 OGSA-DAI GDS 服务的实现机制。有关支持语义数据操作的知识通信机制将在下一节介绍。

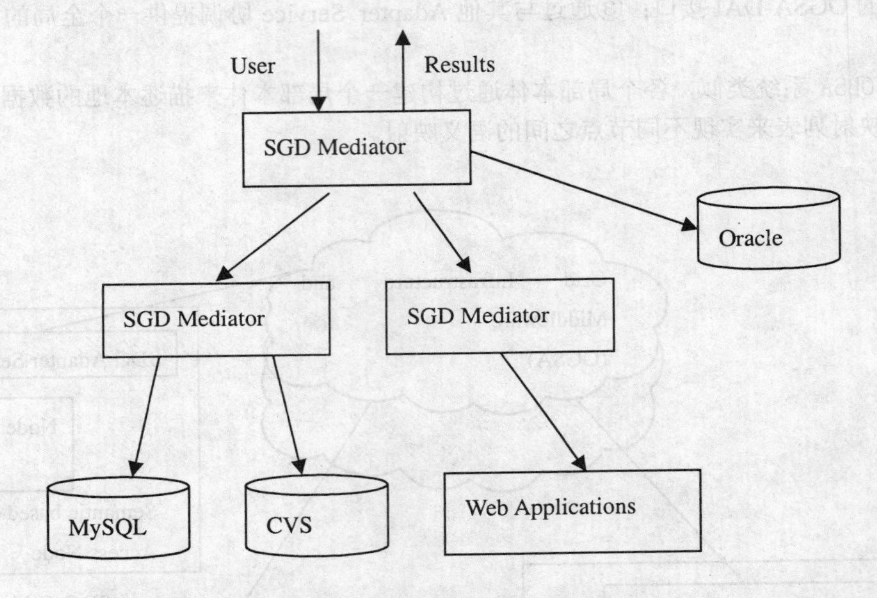

图 7-9　基于 Mediator 的混合语义数据网格结构

7.4.1　Adapter Service 的结构

整个 Adapter Servie 的结构可以用图 7-10 来表示。

各个数据源利用本地的 Wrapper 描述其语义及与其他节点的映射关系，并通过本书曾介绍的本体集成机制在 Mediator 环境下构建全局的基于本体的语义。用户的请求首先根据全局的语义进行相应的重写与变换，然后进行相应的优化处理，并制定相应的执行规划，然后通过 Wrapper 将执行规则并行地交给各数据源节点执行。

整个 Mediator 提供两种类型的接口：一种是兼容 OGSA-DAI 的接口，用户可以直接通过 OGSA-DAI 提供的接口方式访问由 Mediator 提供的 Virtual Data Source，这种方式只能实现在一个节点群环境内的语义信息共享，而且在查询请求中不能包含基于本体的语义信息；另一种是通过本体扩展的 XQuery 类型的请求，这种类型的请求将通过下一节介绍的通信服务来传送，采用这种方式的请求将通过在整个网格环境下进行语义匹配，并返回更为全面的查询结果。

7.4.2　语义集成机制

在网格环境提供一个统一的、全局的语义环境的可能性不大。因此，本书在处理网格环境下的语义环境时，提供了一个类似于 MDS（Metacomputing Directory Service）语义信息目录服务（Semantic Directory Service，SDS），与传统的 MDS 或基于 Web Service 的信息或资

源目录服务不同的是 SDS 并不是构建于 SOAP 协议之上，而是构建于本书下一节将要介绍的通信机制之上。表 7-2 比较了这两种服务的区别。

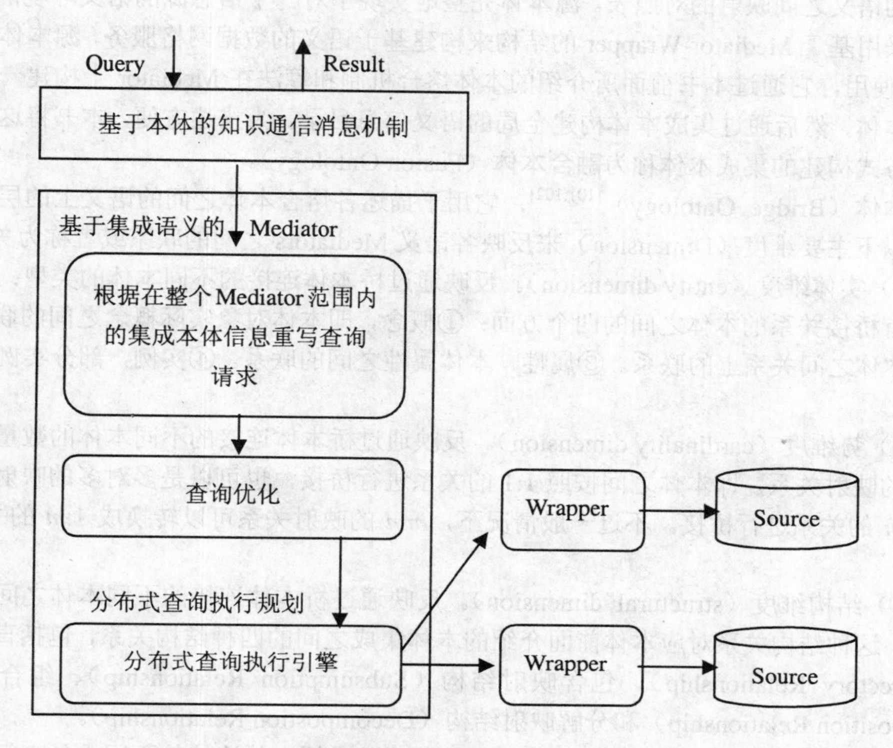

图 7-10 基于 Mediator 模式的 Adapter Service 结构

表 7-2 传统的网格信息目录服务与语义信息目录服务的区别

	传统的信息目录服务	语义信息目录服务
内容	基于 XML 的目录内容	基于 RDF、RDFs、DAML、OWL、RuleML、CaseML 等表示语义或本体信息的内容
查询语言	基于 LDAP 或基于 XML 的查询处理语言	支持本体扩展的查询处理语言
响应信息	基于 XML 的数据内容	基于本体的语义信息目录
通信协议	基于 LDAP 的通信协议（MDS）或基于 HTTP、HTTPS 或 SOAP 的通信协议（其他基于 Web Service 的目录信息服务）	构建于 SOAP 之上的知识通信协议，支持基于的知识操作算子
其他	不具备推理功能	具备知识的推理功能

SDS 主要完成数据网格环境下语义信息的发现、注册、查询和修改等工作，它反映了数据网格环境下一个真实、动态的语义信息目录。

一般来说，会在每个 Mediator 上配置 Semantic Directory Service，它通过本体构成的语义信息提供语义信息目录服务，主要包括以下三种类型的本体：

源本体（Source Ontology），也称为Local Ontology，它由各信息源的Wrapper提供，主要包含两个组成部分：①以本体形式描述的信息源的语义信息；②本地信息源的语义与其他信息源的语义之间映射的对照表。源本体完整地实现了对一个信息源的语义环境的描述。由于本书采用基于Mediator-Wrapper的结构来构建基于语义的数据网格服务，源本体并不直接被SDS使用，它通过本书前面所介绍的本体熔合机制和算法在Mediator上构建一个在局部集成的本体，然后通过集成本体构建全局的语义信息目录。为描述方便，本书将这种通过本体熔合方式构建的集成本体称为**融合本体**（Fusion Ontology）。

桥本体（Bridge Ontology）[101,102]，它用于描述各熔合本体之间的语义上的层次关系。它通过以下主要维度（Dimension）来反映各语义Mediators之间的联系或者称为关系：

（1）实体维度（entity dimension）。反映通过桥本体连接的不同本体的类型；它主要反映相互有桥接关系的本体之间的四个方面：①概念，即本体对象实际概念之间的联系。②关系，即本体之间关系上的联系。③属性，本体属性之间的联系。④实例，部分实例之间的联系。

（2）势维度（cardinality dimension）。反映通过桥本体连接的不同本体的数量。可能是一对一的映射关系，即本体之间按照1:1的关系进行桥接，也可以是多对多的映射关系，即按照 m:n 的关系进行桥接。不过一般情况下，m:n 的映射关系可以转换成1:m 的关系和1:n 的关系。

（3）结构维度（structural dimension）。反映通过桥本体连接的不同本体之间的结构上的关系。这种结构关系对应本体前面介绍的本体集成之间的四种结构关系，包括直接映射结构（Directory Relationship）、包含映射结构（Subsumption Relationship）、组合映射结构（Composition Relationship）和分解映射结构（Decompostion Relationship）。

（4）约束维度（constraint dimension）。反映通过桥本体连接的不同本体之间的连接约束。

（5）变换维度（transformation dimension）。反映本体之间或者相应的本体实例之间相互转换时的规则。

SDS主要提供以下服务接口（Porttype）：

注册服务（Register Service），即以标准的Web Service形式进行注册，获取相应的句柄GSH。

注销服务（Unregister Service），从整个语义数据网格环境中退出。

发现服务（Semantic Directory Discovery Service），发现其他Mediators所提供的桥本体描述。

查询服务（Semantic Directory Information Query Service），语义目录查询服务。

修改服务（Semantic Directory Information Modify Service），一般出现下面的情况需要执行修改服务：①有新的节点加入或退出；②用户或系统管理员人工指定；③不同节点之间通过通信与协调解决桥本体之间在语义上的不一致或存在冲突的情况。

7.4.3 Virtual Data Source

Mediator的另一个功能是提供兼容OGSA-DAI的Virtual Data Source，即标准的OGSA-DAI应用程序可以将本书所介绍的Mediator看成一个完全支持OGSA-DAI标准的关系数据库或Native XML数据库。由两个部分组成：

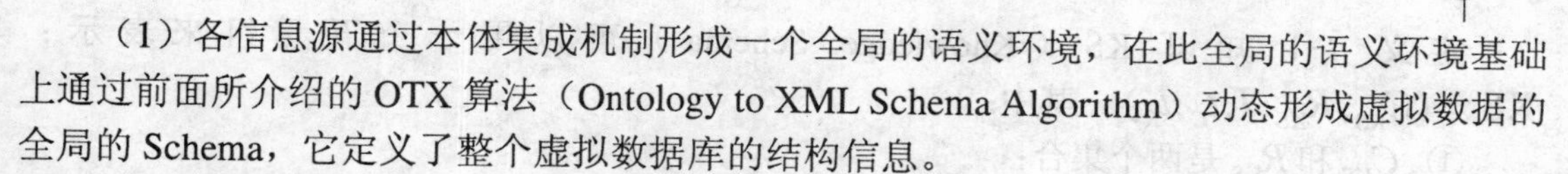

（1）各信息源通过本体集成机制形成一个全局的语义环境，在此全局的语义环境基础上通过前面所介绍的 OTX 算法（Ontology to XML Schema Algorithm）动态形成虚拟数据的全局的 Schema，它定义了整个虚拟数据库的结构信息。

（2）提供两种标准的 OGSA-DAI 服务。即 Grid Data Service Registry（GDSR）和 Grid Data Service Factory（GDSF）。

7.5 支持语义数据网格的知识通信机制

传统的网格环境中，主要采用基于 HTTP 或 HTTPS 的 SOAP（Simple Object Access Protocol）进行通信，或者采用基于 LDAP 协议的方式进行通信（例如 GRIP 和 GIIS）。然而，这些通信方式并没有提供语义处理的原语，不支持语义的查询、匹配、知识的推理等操作。本书参考了 KSE 的 KQML[103]和 FIPA 的 ACL 通信语言，定义了一种网格环境下的知识通信语言，命名为 Knowledge Communication and Manipulation Language for Semantic Grid，简写为 KCML 语言。

7.5.1 通信机制的基本结构

整个通信语言构建于 SOAP 通信机制之上，因此仍然遵循 SOAP 的类 XML 的表示方式，也支持 SOAP 所采用的 HTTP、HTTPS 或其他底层的通信协议。在设计语言时，主要考虑了以下因素：

（1）如前所述，遵循 SOAP 语言的风格，在 SOAP 语言基础上构建知识通信语言，保持整个通信机制的开放性和与现有网格结构的兼容性。

（2）结构的灵活性，支持多种通信语言和本体表示机制。

（3）可扩展性，即可以根据实际需要，扩展新的表示内容并且保持与原有表示机制的兼容性。

整个语言的构成可以表示为：

KCML::= Ver|Operation|Sender|Receiver|Language|Ontology|Content

即语言由操作、发送者、接收者、语言、本体及操作内容几个部分组成，为保持可扩展性，通信语言专门定义了一个版本字段，用于表示此次通信采用何种版本的语言进行，并且在具体设计时，要求新版本语言具有向下兼容性，能够支持基于老版本语言的通信机制。

Operation 定义了一次信息传送的基本通信原语，整个通信机制支持的原语由下一节具体介绍。具体的通信的内容由 Content 描述。Sender 定义了通信的发送者的信息，包括发送的用户信息、地址信息（如 IP 地址、电子邮件地址、URL、端口等）。Receiver 定义了接收者的信息，一般来说，接收者应该是一个 Web Service 或者 Grid Service，因此接收者的信息主要包括接收者的类型（包括 HOST、User、Web Service 或 Semantic Web Service 等），接收者的地址信息（如 IP 地址、电子邮件地址、URL、端口等，如果接收者为 Web Service，则相应地还要包括其服务地址）、接收者的标识信息等。Language 定义了本次通信具体采用的语言，主要是指本体描述语言，目前包括 RDF、RDFs、DAML+OIL、OWL 等。

7.5.2 支持语义的通信原语

在本书第三章有关本体的形式化定义的基础上，对知识进行如下形式化的定义：

定义 7-1 知识 KS（Knowledge Schema）可以用一个五元组来表示：$KS:=(C_{KS},R_{KS},I,\iota_C,\iota_R)$，其中：

① C_{KS} 和 R_{KS} 是两个集合；

② 集合 I 中元素称为实例标识符或实例；

③ $\iota_C:C_{KS}\to\Re(I)$ 称为概念实例的函数；

④ $\iota_R:R_{KS}\to\Re(I^{+})$ 称为关系实例的函数。

本书定义的知识通信原语主要包括知识的创建、查询和匹配等原语，结合 KQML、KGOL[104]、RAL[105]等知识处理语言[106]，分别定义如下：

1. 知识获取原语

（1）Selection

Selection 通信原语可以表示为：$\sigma_F(c)=\{x\mid x\in\iota_C(c)\wedge F(x)=\text{True}\}$，其中 F 为逻辑表达式的组合，支持∧、∨、¬、∀、∃等逻辑操作符及>、≥、<、≤、≠、＝、∈等运算操作符。c 为知识实例中的概念元素。

（2）Join

Join 通信原语可以表示为：

$\bowtie(c_1,p,c_2)=(x,y\mid p(x,y)=\text{True},x\in\iota_C(c_1)\wedge y\in\iota_C(c_2))$，其中 p 是连接的条件，c_1、c_2 为概念元素。

（3）Union

Union 通信原语可以表示为：$c_1\cup c_2=(x\mid x\in\iota_C(c_1)\vee x\in\iota_C(c_2))$。其中 c_1、c_2 为概念元素。

（4）Intersection

Intersection 通信原语可以表示为：$c_1\cap c_2=\{x\mid x\in\iota_C(c_1)\wedge x\in\iota_C(c_2)\}$。其中 c_1、c_2 为概念元素。

（5）Minus

Minus 通信原语可以表示为 $c_1-c_2=\{x\mid x\in\iota_C(c_1\wedge\neg c_2)\}$。其中 c_1、c_2 为概念元素。

（6）Projection

Projection 通信原语可以表示为：$\pi_P(c)=\bigcup_{p_i\in P}\{y\mid\exists x,(x,y)\in\iota_R(p_i)\wedge x\in\iota_C(c)\}$。其中 c 为概念元素，P 为关系集合，且 $P=\{p_1,p_2,p_3,\cdots,p_k\}$。

2. 知识匹配原语

Match

Match 通信原语可以表示为：$M(c,d,r)=\{x,y\mid x\in\iota_C(c)\wedge y\in\iota_C(d)\wedge(x,y)\in\iota_R(r))$。其中，$c$ 和 d 分别表示两个不同的概念，r 表示映射关系。

7.6 本章小结

本章首先介绍了目前的数据网格处理机制，包括网格的几种模型和数据网格的模型如 OGSA-DAI、OGSA-DQP 等。在此基础上，讨论了基于 Mediator-Wrapper 的支持语义处理的数据网格模型，它通过提供 Virtual Data Source 实现对 OGSA-DAI 的支持，并通过语义适配器来实现整个网格环境下的基于语义的信息处理，介绍了这种语义信息处理所采用的通信机制。

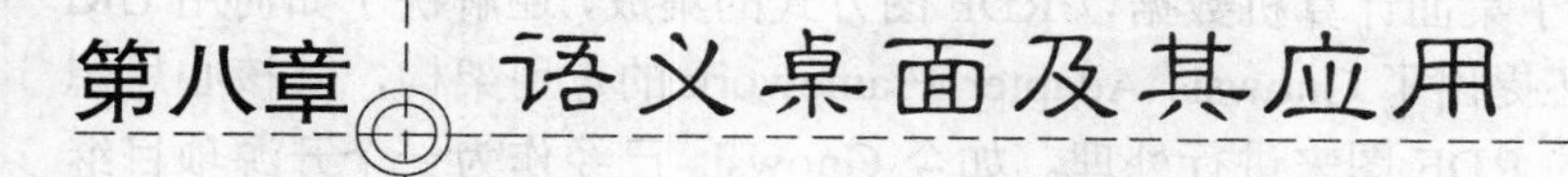

第八章 语义桌面及其应用

传统的个人计算机采用两种方式来管理个人计算机的资源。一种方式是以目录和文件名的方式来管理资源，包括本地计算机的目录和网络目录及每个资源文件的名称等。通过操作系统提供的API，用户可以在命令行模式下或通过图形界面查找、浏览和操作（如创建新文件、拷贝、删除文件或执行文件等）相应的资源文件。另一种方式是通过应用程序来管理资源文件，每一种类型的资源文件与一个或多个应用程序相关联，只能通过相应的应用程序来操作相应的资源文件的内容，例如 Word 文件只能由 Microsoft Word 应用软件来处理，视频文件可能由 Microsoft Media Player、Real Player 等应用程序来处理等。这两种方式构成了目前个人计算机管理资源的主要方式。

然而，随着个人计算机与互联网络的发展和普及，传统的个人计算机资源管理方式已经不能很好地满足用户的实际需求，主要表现在以下几个方面：

（1）个人计算机的硬盘容量越来越大，一台计算机拥有 80G 的硬盘已经非常常见，而且每台计算机上存储的信息资源也越来越丰富。但是，用户每天不得不花费大量的时间来寻找、定位所需要的资源文件，即使用户知道文件所在的目录，也需要花费相当多的时间来处理。

（2）目录并不能完整反映资源或文件的分类结构。许多用户为了有条理地管理个人的信息资源，采用目录分类的方式来存取所有的文件，但由于一个文件在语义上类属的多样性，不可能简单地采用目录分类的方式进行安排，例如：用户从网络上下载一篇有关语义网方面的学术文章，他可能会将这篇文章放置于“学术文章/智能信息处理/语义网”目录下，但这篇文章的内容也可能隶属于网格计算、数据库处理或者分布式信息处理等研究领域，如果用户以后按“学术文章/分布式计算/网格计算”将无法寻找到这篇文章。

（3）无法反映不同资源之间的语义联系。两个不同的文件资源虽然所处的目录不同,文件格式不同，但在语义上可能存在着某种联系。例如一封电子邮件的内容可能描述了存在于某一个目录中的一个 Word 文档 A.doc 的主要内容，这样这封电子邮件与这个 Word 文档 A.doc 之间就存在语义上的联系。在传统的方式下，用户在浏览电子邮件的内容时，无法直接通过相关的语义联系直接找到对应的 Word 文档，而不得不按目录进行浏览。

目前，语义桌面被认为是解决上述问题的有效手段之一。语义桌面的发展来源于两个不同研究方向努力的结果：一方面，语义网的研究团体认为有必要将语义网的研究成果应用于桌面计算和桌面资源管理。另一方面，数据库研究团体认为有必要将数据集成的研究成果应用于个人信息资源管理（Personal Information Management，PIM），两个不同的研究团体从不同的角度对同一问题提出了相应的解决方案。因此从某种程序上来说，语义桌面的研究是基于语义的信息集成技术的综合解决方案。虽然语义桌面的研究仍处于较原始的阶段，但作为本书主题的一个应用，仍具有十分重要的意义。

8.1 语义桌面概述

语义桌面的概念最早是由 Leo Sauermann 在其学位论文“Gnowsis Semantic Desktop”[107]中提出的。在论文中，他实现了桌面计算机数据以 RDF 图方式的集成，还解决了如何用 URI 标识资源的问题。作者后来还提出了 Gnowsis Adapter Framework 的重用架构，其核心思想是把结构化数据源当做虚拟的 RDF 图来进行处理。如今 Gnowsis 已经作为一个开源项目继续开发。其他应用此框架进行开发的项目有 EPOS 和@Vistor。图 8-1 为 Gnowsis 架构。

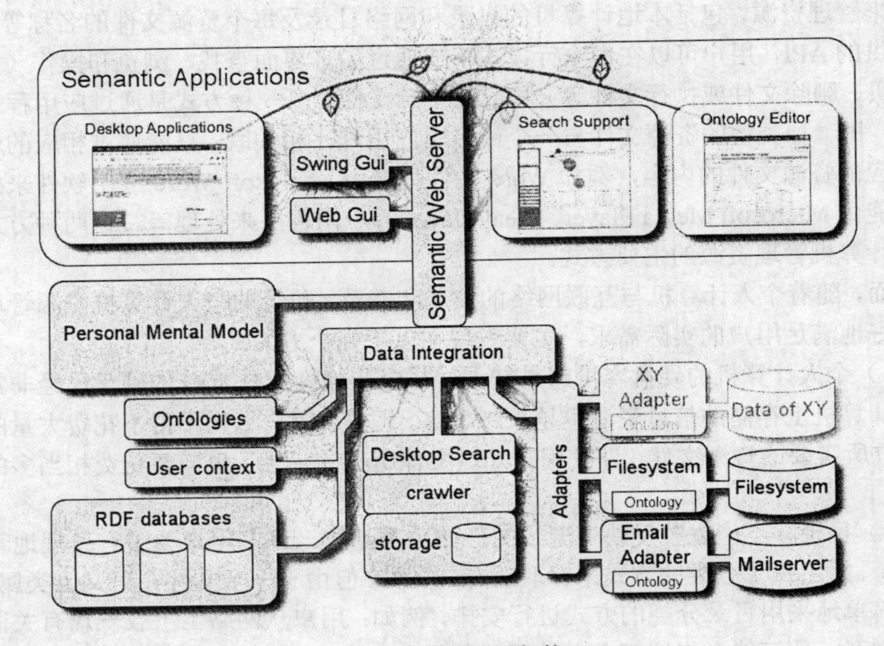

图 8-1 Gnowsis 架构

2004 年，Stefan Decker 和 Martin Frank 在其论文“The Social Semantic Desktop”[108]为语义桌面的发展提供了一个技术思路，主要思想是通过融合语义桌面、语义 P2P 和社会网络最终达到社会化语义桌面的目标，其概念描述如图 8-2 所示。

Stefan Decker 对这一路线图描述如下：

◆ 在第一阶段，语义网、P2P 和社会网络技术发展并广泛应用。

◆ 在第二阶段，现有技术的交叉带来了语义网技术向桌面的转移、语义桌面的出现。同时，语义网和 P2P 技术融合语义 P2P 技术，社会网络和语义网技术的应用产生本体驱动的社会网络。

◆ 在第三阶段，社会、桌面和 P2P 技术完全融合成为社会语义桌面（Social Semantic Desktop）。

2005 年 12 月，在 ISWC 2005 国际会议上，正式确定了这一研究领域的学术价值。在这次会议中，Stefan Decker 等人主持了一个 Semantic Desktop 的研讨会（Workshop）。从这次研讨会发表的论文情况来看，相关主题的研究主要集中于以下方面：

① 探讨基于语义的个人信息资源管理(Personal Information Management)。

② 支持语义信息处理的个人信息工具，如 Instance Messaging（如 SAM、NABU 等）个人 WIKI 工具（如 WikSAR 等）。

③ Semantic Desktop 应用软件，如 GNOWSIS、WonderDesk 等。

④ 支持语义的个人信息搜索。

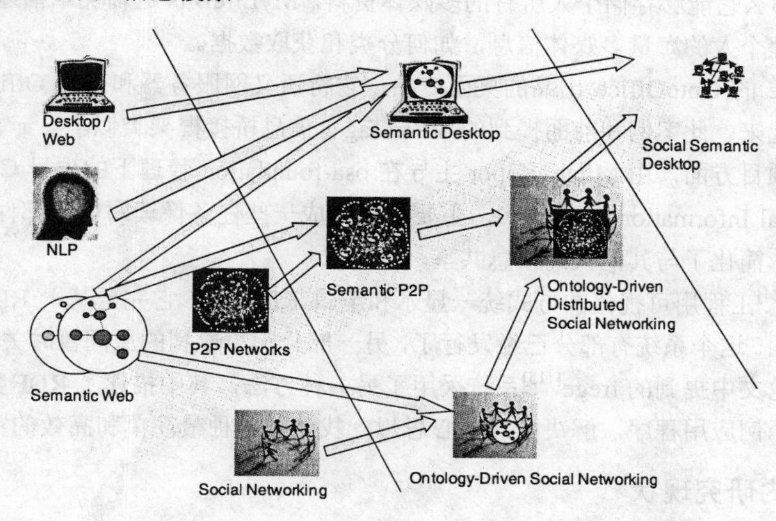

图 8-2　语义桌面发展阶段

8.2　相关研究工作

8.2.1　国外研究现状

除了前面提到的由 Leo Sauermann 提出了 Gnowsis 和 Stefan Decker 的 Social Semantic Desktop，还有以下一些相关研究工作及产品。

和 Gnowsis 架构一样，在 Web 服务领域有 SECO：面向集成 Web 资源的语义网数据中介服务[109]。它描述了一种基础设施，使智能主体以统一的方式存取分布在 Web 上的数据，返回的结果能转移到桌面。在数据集成领域，Bizer 和 Seaborne 提出一个能适配 SQL 数据源的架构[110]。微软推出了名叫信息桥接框架（Information Bridge Framework）的产品，目的在于集成传统的数据源，通过 SmartTags 将其包含进 Office 文件[111]。此框架实现了一种基于客户端——服务器的方式，服务端提供了一种元数据服务，集成了多个企业 Web 服务和其他数据源，比如 CRM 系统。客户端是普通的 Office 应用程序扩展插件，收集已打开文件当前上下文和关键词，与此同时从服务器读取相关信息。

Haystack[112]系统是麻省理工学院计算机科学和人工智能实验室的一个研究项目，它以一种集成的方法使个人用最有效的方式管理他的信息。它可以作为现有的许多应用程序的替代品，像字处理、邮件客户端、图片管理、即时消息等。该系统还提供了一个从用户界面到数据库的完全语义编程环境。但该系统在 2003 年时存在性能问题，后来的 Hayloft 工程主要侧重于解决这一问题。

微软研究院的 MyLifeBits[113]是一个终生多媒体数据存储（lifetime store of multimedia data）概念，它基于这样一种假设：一个人所有读到和听到的信息能立即存入一个便携设备，一个人每天都会消费音频、视频、文字和其他媒体，如果一个假定的磁盘每年能存储 1 000G 的数据量，那么它能够存储个人所有的多媒体资料。MyLifeBits 这篇文章描述了这样一个概念：如何管理个人的海量多媒体信息，如何分类和获取数据。

Ontoprise 的 OntoOffice 出品的桌面产品，它将语义网服务器和微软 Office 应用程序的内容整合了起来。此案例和前面提到的 SmartTag、信息桥接框架类似。

在开源项目方面，由 Mitch Kapor 主导在 osa-foundation 管理下的项目 Chandler 是一个 PIM（Personal Information Manager），主要用来完成一些任务像读写电子邮件、管理日程和联系人列表，简化了与其他人的信息共享。

Fenfire[114]工程用可视化的方式统一显示和编辑 RDF 图，它完全基于 RDF 并实现了多样的用户界面。这个系统有部分已经发行了，另一部分因为专利的原因暂时关闭。Joe Geldart 在他的学位论文中提到的 frege[115]系统采用了另一种方法，其中描述了 RDF 桌面通信框架，实现了一些示例应用程序，解决了其核心思想，找到了一种最简单和高效的实现方式。

8.2.2 国内研究现状

国内在近几年开始有研究小组对语义桌面进行系统的研究，但目前的研究成果不多，东南大学瞿裕忠领导的 XObjects 研究小组曾对语义桌面进行过相应的研究，并发表多篇相关研究论文[116]。国内部分学者的学术观点对研究语义桌面也具有十分重要的参考作用：

诸葛海等人探讨了一种主动文档框架（Active Document Frame, ADF）[117]，尝试建立自我表示（self-representable）、自我解释（self-explainable）和自执行（self-executable）的文档模型，并设计了相应的工具。在此基础上，探讨了利用 Fuzzy Cognitive Maps（FCMs）自动建立文档的语义模型，指导用户理解文档内容、细化查询结果和更精确地处理含混不清的查询等。笔者在 2004 年提出了语义视图的概念，主要目的是利用智能信息处理技术如数据挖掘技术、语义网的技术来为个人计算机提供一个基于本体的动态语义视图，建立文件资源之间的语义联系，消除目录及不同应用程序之间的复杂度，达到提高资源管理的效率及资源共享能力的目的。

8.3 语义桌面架构

语义桌面架构主要分为两层：数据层和应用层。数据层存储信息和本体，它通过本体集成各类异构信息，把这些信息转化为统一格式存储，目前常用的是 RDF 格式。应用层则是基于数据层的应用程序，数据层中存储的信息和本体对与应用层来说是不可见的，它们通过调用数据层 API 为用户提供诸如数据查询、语义标注和本体编辑等功能。这样的架构做到数据和应用之间的解耦，不管数据的来源和结构如何改变，应用层都不会受到影响。

其中数据层又分为数据源适配器、数据抓取器和个人信息本体几个功能模块。数据层是语义桌面架构的核心。以下几节将简单介绍数据层的几个核心模块。

1. 数据源适配器

当前个人计算机上的数据文件格式多种多样，如：WORD，PDF，MP3 等，而且信息来源也不统一，有通过邮件服务得到的电子邮件，还有从关系数据库中查询得到的数据等。要将这些数据集成起来，首先需要从这些数据当中提取有用的信息。数据源适配器就起到了这样的作用。根据数据源的不同，我们需要选取不同的适配器。

（1）文件数据源。目前已经存在一些流行的标准格式的文件，如 Word、PDF、Flash 等。

（2）应用程序数据源。如 E-Mail，数据库中的数据。

（3）移动数据源。如短信、电话簿等。

2. 数据抓取器

通过数据源适配器获取到的只是统一格式的数据。我们可以通过信息抽取的方式从数据中提取有用的信息。信息抽取是一个以未知的自然语言文档作为输入，产生固定格式、无歧义的输出数据的过程。这些数据可直接向用户显示，也可作为原文信息检索的索引，或存储到数据库、电子表格中， 以便于以后的进一步分析。通常，被抽取出来的信息以结构化的形式描述。

3. 个人信息本体

主要包括对所有计算机资源和个人业务操作具有通用性的本体概念的分类体系字典。例如对于计算机基本术语（如目录、窗口等）、基本操作（例如对文件基本操作的描述等），资源的基本分类、个人业务的基本操作等。这部分语义知识将是其他部分的核心。

8.4 语义桌面原型系统

本节简要介绍我们设计的一个语义桌面原型系统 OntoBook，其设计的初衷是改变基于目录的（Directory Oriented）资源管理方式，使用户能从语义上管理个人信息资源，在不同资源文件之间建立语义联系。用户通过语义之间的关联更有效地处理个人业务，同时通过语义关联能够发现新的知识。

8.4.1 系统结构

Ontobook 系统包括以下几个部分：一是数据源适配器，二是核心本体数据库，三是查询处理模块。

数据源适配器包含多个适配器：文件系统适配器、电子邮件适配器等。适配器实现了从数据源提取数据、转换数据并存储到核心本体数据库中的过程。适配器是可以扩展的，也就是说当有新的数据源需要进入系统的时候，只需要添加相应的适配器即可。

核心本体数据库在系统初始状态的时候存储着一个描述各种通用概念的本体。在系统运行过程当中，数据源适配器不断将获取到的信息入库，即向本体添加实例。核心本体数据库是语义桌面系统的核心，信息的描述、资源之间的联系均在此建立。查询也是在此基础之上。

查询处理模块负责对用户输入的语义目录或关键词进行分析处理。其中对语义目录的处理主要是把目录映射到 RDF 图，然后再与核心本体数据库中的资源进行匹配得到结果。系统的整体架构如图 8-3 所示。

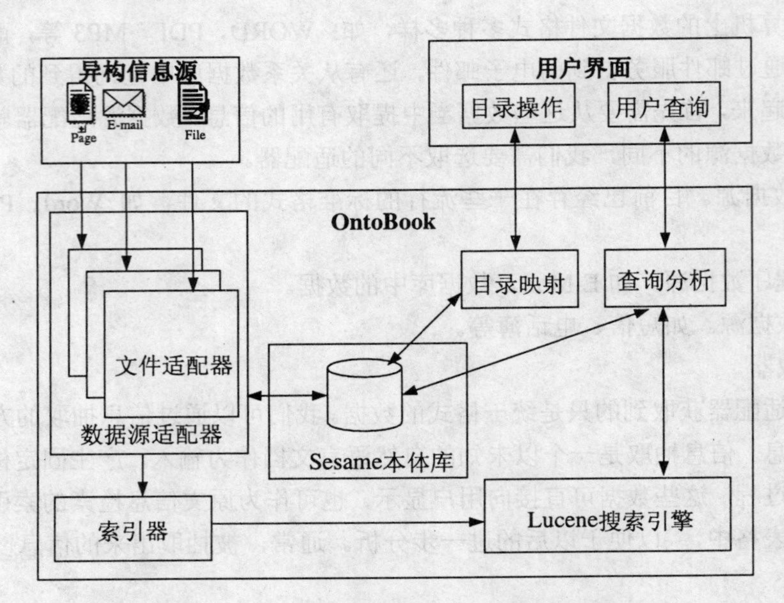

图 8-3　OntoBook 系统结构

8.4.2　设计方案

1. 数据源适配器设计

不同的数据源中数据的元数据也不同，例如文件的元数据有文件名、大小、创建时间等，邮件的元数据包括主题、发件人、接收时间等。为了从不同的信息源中抽取元数据，我们首先定义了专用的信息源本体，以确定要提取的元数据，然后调用相应的 API 提取信息，最后将信息转换为 RDF 入库。

（1）Outlook 数据源适配器的设计

首先定义电子邮件的本体：

```
<rdf:RDF
xmlns:ontology="http://www.ontoweb.net/ontology#"   xmlns:rdf="http://www.w3.org/1999/02/22-rdf-syntax-ns#"
xmlns:rdfs="http://www.w3.org/2000/01/rdf-schema#">
    <rdfs:Class rdf:about="&ontology;Email" rdfs:label="Email">
        <rdfs:subClassOf rdf:resource="&rdfs;Resource"/>
    </rdfs:Class>
    <rdf:Property rdf:about="&ontology;hasBody" a:maxCardinality="1"
rdfs:label="正文">
        <rdfs:domain rdf:resource="&ontology;Email"/>
        <rdfs:range rdf:resource="&rdfs;Literal"/>
    </rdf:Property>
    <rdf:Property rdf:about="&ontology;hasEntryID" a:maxCardinality="1"
    rdfs:label="编号">
```

```
        <rdfs:domain rdf:resource="&ontology;Email"/>
        <rdfs:range rdf:resource="&rdfs;Literal"/>
  </rdf:Property>
    <rdf:Property rdf:about="&ontology;hasReceiveTime" a:maxCardinality="1" rdfs:label="接收时间">
        <rdfs:domain rdf:resource="&ontology;Email"/>
        <rdfs:range rdf:resource="&rdfs;Literal"/>
    </rdf:Property>
    <rdf:Property rdf:about="&ontology;hasSender" a:maxCardinality="1"
rdfs:label="发送人">
        <rdfs:domain rdf:resource="&ontology;Email"/>
        <rdfs:range rdf:resource="&rdfs;Literal"/>
    </rdf:Property>
    <rdf:Property rdf:about="&ontology;hasSubject" a:maxCardinality="1"
rdfs:label="主题">
```

以上本体定义说明一封邮件含有编号（EntryID）、主题（Subject）、发送人（Sender）、接收时间（ReceiveTime）、正文（Body）这些属性。Outlook 数据源适配器将根据资源类型为其建立 URI 标识，同时根据以上本体提取邮件元数据信息。Outlook 信息的提取过程中我们用到了 Outlook 的互操作 COM 组件“Microsoft.Office.Interop.Outlook.dll”，通过调用其中的 Application 对象获取邮件信息。

以下是提取 URI 标识为“00000000C303DEC43DF7DB47A0112E56561E764324022000”的邮件信息并将其转换为 RDF 的结果：

```
<rdf:RDF
xmlns:ontology="http://www.ontoweb.net/ontology#"   xmlns:rdf="http://www.w3.org/1999/02/22-rdf-syntax-ns#"
xmlns:rdfs="http://www.w3.org/2000/01/rdf-schema#">
    <ontology:Email rdf:about= "email://kim@ontoweb.net/outlook/mail/00000000C303DEC43DF7DB47A
0112E56561E764324022000"
    ontology:hasBody="开会时间 4 月 1 日下午 3：30"
    ontology:hasEntryID="00000000C303DEC43DF7DB47A0112E56561E764324022000"
ontology:hasReceiveTime="2007 年 3 月 25 日"
ontology:hasSender="sender@ontoweb.net"
ontology:hasSubject="开会"/>
</rdf:RDF>
```

转换的结果会存入 Sesame 本体库。存储 RDF 的过程就是向本体库中添加三元组的过程。以存储邮件主题为例，三元组为：

Subject： email://kim@ontoweb.net/outlook/mail/00000000C303DEC43DF7D
B47A0112E56561E764324022000

Predicate：ontology:hasSubject

Object：“开会”

然后根据此三元组实例化一个 Statement 对象并入库。

（2）文件适配器的设计

首先建立文件系统的本体，用于描述文件、文件夹的关系。

```
<rdf:RDF
xmlns:ontology="http://www.ontoweb.net/ontology#"  xmlns:rdf="http://www.w3.org/1999/02/22-rdf-syntax-ns#"
xmlns:rdfs="http://www.w3.org/2000/01/rdf-schema#">
    <rdfs:Class rdf:about="&ontology;File" rdfs:label="文件">
        <rdfs:subClassOf rdf:resource="&rdfs;Resource"/>
    </rdfs:Class>
    <rdfs:Class rdf:about="&ontology;Folder" rdfs:label="文件夹">
        <rdfs:subClassOf rdf:resource="&rdfs;Resource"/>
    </rdfs:Class>
    <rdf:Property rdf:about="&ontology;accessTime" rdfs:label="访问时间">
        <rdfs:domain rdf:resource="&ontology;File"/>
        <rdfs:range rdf:resource="&rdfs;Literal"/>
    </rdf:Property>
    <rdf:Property rdf:about="&ontology;createTime" rdfs:label="创建时间">
        <rdfs:domain rdf:resource="&ontology;File"/>
        <rdfs:domain rdf:resource="&ontology;Folder"/>
        <rdfs:range rdf:resource="&rdfs;Literal"/>
    </rdf:Property>
    <rdf:Property rdf:about="&ontology;modifyTime" rdfs:label="修改时间">
        <rdfs:domain rdf:resource="&ontology;File"/>
        <rdfs:range rdf:resource="&rdfs;Literal"/>
    </rdf:Property>
    <rdf:Property rdf:about="&ontology;name" a:maxCardinality="1" rdfs:label="名称">
        <rdfs:domain rdf:resource="&ontology;File"/>
        <rdfs:domain rdf:resource="&ontology;Folder"/>
        <rdfs:range rdf:resource="&rdfs;Literal"/>
    </rdf:Property>
    <rdf:Property rdf:about="&ontology;partOf" a:maxCardinality="1" rdfs:label="属于">
        <rdfs:domain rdf:resource="&ontology;File"/>
        <rdfs:domain rdf:resource="&ontology;Folder"/>
        <rdfs:range rdf:resource="&ontology;Folder"/>
    </rdf:Property>
    <rdf:Property rdf:about="&ontology;path" a:maxCardinality="1" rdfs:label="路径">
        <rdfs:domain rdf:resource="&ontology;File"/>
        <rdfs:domain rdf:resource="&ontology;Folder"/>
        <rdfs:range rdf:resource="&rdfs;Literal"/>
    </rdf:Property>
    <rdf:Property rdf:about="&ontology;size" a:maxCardinality="1" rdfs:label="大小">
        <rdfs:domain rdf:resource="&ontology;File"/>
```

```
    <rdfs:range rdf:resource="&rdfs;Literal"/>
  </rdf:Property>
</rdf:RDF>
```

信息的获取使用了.NET 框架 System.IO 命名空间下的 DirectoryInfo 类和 FileInfo 类。DirectoryInfo 类公开用于创建、移动和枚举目录和子目录的实例方法。FileInfo 类提供创建、复制、删除、移动和打开文件的实例方法。数据转换结果和存储过程与 Outlook 数据源适配器实现类似。

2. 元数据索引

为了更快地获取信息，利用现有的信息检索技术，可以达到很好的效果。系统采用了 Lucene 搜索引擎进行元数据索引和查询。Lucene 搜索引擎中使用了倒排文件进行索引。倒排文件机制是一种面向单词的索引机制，利用它可以提高检索速度。倒排文件结构由词汇和出现情况两部分组成。对于每个单词，都有一个列表（称为词汇列表）来记录单词在所有文本中出现的位置，这些位置可以是单词的位置（是文本中的第几个单词）也可以是字符的位置（是文本中的第几个字符）[118]。下面讨论如何将元数据进行索引。

索引的建立是需要使用 Lucene 中的核心索引类，以下是这些类的简介[119]：

◆ IndexWriter：是在索引过程中的中心组件。这个类创建一个新的索引并且添加文档到一个已有的索引中。

◆ Directory：代表一个 Lucene 索引的位置。它是一个抽象类，允许它的子类(其中的两个包含在 Lucene 中)在合适时存储索引。

◆ Analyzer：在文本索引之前要通过 Analyzer。Analyzer 在 IndexWriter 的构造函数中指定，主要负责提取文本内容关键词并过滤其他符号。

◆ Document：代表字段的集合。可以把它想像为以后可获取的虚拟文档，如一个网页、一个邮件消息或一个文本文件。

◆ Field：在索引中的每个 Document 含有一个或多个字段，具体化为 Field 类。每个字段相应于数据的一个片段，将在搜索时查询或从索引中重新获取。

利用 Lucene 的这些类，对元数据进行索引。其中一个资源可以用 Document 类的一个实例表示，资源的元数据则用 Field 类的实例表示。以索引邮件为例，代码如下：

```
//实例化 IndexWriter 对象，以 instanceDirectory 做为写入索引的目录
IndexWriter writer = new IndexWriter(instanceDirectory, defaultAnalyzer, false);
//实例化 Document 对象
Document doc = new Document();
//将资源的 URI 做为关键字 Field 添加到 Document
doc.Add(Field.Keyword("URI", "email://kim@ontoweb.net/outlook/mail/00000
000C303DEC43DF7DB47A0112E56561E764324022000"));
//将资源的元数据做为文本 Field 添加到 Document
doc.Add(Field.Text("hasBody ", "开会时间 4 月 1 日下午 3：30"));
doc.Add(Field. Text ("hasReceiveTime ", "2007 年 3 月 25 日"));
doc.Add(Field. Text ("hasSender ", "sender@ontoweb.net"));
doc.Add(Field. Text ("hasSubject ", "开会"));
//将 Document 写入索引
```

```
writer.AddDocument(doc);
//关闭 IndexWriter
writer.Close();
```

8.4.3 用户界面

OntoBook 提供了良好的用户界面。借鉴了 Windows Vista 的资源管理器，系统分为地址栏、搜索栏、资源树、资源列表区和资源详情 Tab。运行界面如图 8-4 所示。

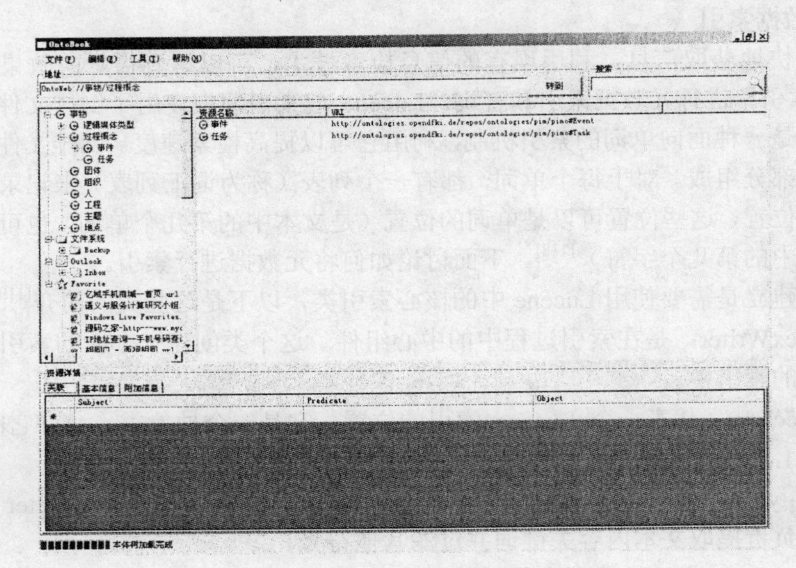

图 8-4 OntoBook 界面

各区域的操作介绍如下：

◆ 地址栏：用于输入语义目录地址，同时用户当前所在语义目录也能同步显示。

◆ 搜索栏：用户键入关键词，点击搜索按钮后，匹配该关键词的资源将显示在资源列表区。

◆ 资源列表区：显示资源列表。目前显示了资源的名称和 URI。

◆ 资源树：用树形控件显示了集成的各种资源。其中可以方便地看到用户当前集成进系统的各类资源，并可以通过简单地推拽操作建立语义关联。

◆ 资源详情 Tab：通过切换不同的 Tab，可以显示语义关联、资源基本信息和资源附加信息。

8.5 扩展至语义 P2P 环境

随着网络与信息技术的迅速发展，因特网的规模急遽扩大并已渗入到人们日常工作与生活的各个角落。网络的广泛普及使网络信息源的格局发生了很大变化，主要表现为小型组织机构与个人建立的中小型数据源大量增加，导致网络中出现广泛分布的信息服务器与大量的自治信息节点并存的情况。这些自治节点主要采用了对等网（P2P，Peer to Peer）[120,121,122]计算模式来组织并共享资源，在 P2P 计算系统中，各自治节点地位相同，节点可自由地形成虚拟组织，可向其他节点提供资源服务或接受其他节点的服务，也可动态地加入和退出系统。P2P 计算一经提出便在网络计算领域得到广泛应用，以 BitTorrent 和 eMule 等为代表的 P2P 应用已经将数以亿计的自治节点组织起来在网络中提供各种文件资源共享，而 P2P 计算也迅速成为广大网民最为热衷的网络资源共享方式，被称为“面向网民的计算”。然而，目前的 P2P 技术除了在提高分布式计算领域发挥重要作用外，在信息共享领域还只是停留在文件共享的层面上。如果能够使 P2P 计算开始从单一的文件共享向复杂的信息共享过渡，对信息处理技术将是一个非常大的贡献。

作为语义桌面的一个扩展，语义 P2P 环境将会使整个互联网成为个人计算机的“虚拟桌面”，因此如果能够利用语义桌面的技术构建个人计算机资源的语义环境，再结合 P2P 的技术，将会提高信息资源共享的层次，也提升语义桌面技术的应用范围。因此语义 P2P 环境下的信息集成也成为学术界研究的热门问题之一。目前有关两者的结合研究仍处于较原始的阶段，为了丰富本章有关语义桌面的内容，我们在本节重点介绍 P2P 环境下信息集成的问题与相应的策略。

8.5.1 概述

目前，国内外数据库学界与业界在传统信息集成方面的研究已经广泛开展，主要研究包括逻辑框架，查询处理、实现方法与技术以及半结构化数据集成等各个方向，并取得了丰硕的成果。目前已经有一些研究组织实现了信息集成系统原型如 TSIMMIS[50]、InfoSleuth[123]、OrientX[124]等，并且一些成熟的信息集成技术已经被数据库厂商应用于其产品中，如 IBM DB2 的 Information Integrator、Oracle 公司的 Oracle 9i 等均加入了基本的信息集成功能。

国外一些研究机构对 P2P 信息集成的逻辑框架和计算模型等方面已进行了研究。当前研究者们从传统信息集成的 GAV、LAV[50,125,126,127]等模型出发，提出了一些适合于 P2P 计算的新模型如 GLAV 和 BAV[128]模型和基于描述逻辑(Description Logic)[57]的模型，并在这些理论模型集成上建立了几个 P2P 信息集成系统原型，如基于 GLAV 模型的 Piazza[129]、Hyper[130]和 coDBz [131]系统与基于 BAV 的 AutoMed[132]系统等。国内众多学者和研究机构也进行了信息集成技术方面的研究。中国人民大学孟小峰教授等人开展了基于 OrientX 的数据库集成方面的研究。在基于 P2P 的信息处理技术方面，复旦大学周傲英、周水庚教授等人开展了基于 P2P 的数据管理和信息检索方面的研究[133,134]；中山大学姜云飞教授等人开展了基于信息集成的智能规划方面的研究[55,60]。文献[135]对国内外 P2P 数据管理方面的研究现状作了详细的总结。在 2005 年的 SIGMOD 和 CIDR 国际会议上，以 Alon Halevy、Michael Franklin 和 David Maier 等人为首的众多数据库专家提出了数据空间(Dataspaces)[136,137]系统概念，是对众多信息集成技术的升华与总结。

8.5.2 搜索策略

P2P 系统中常见的搜索功能有两种：数据定位和关键词搜索。数据定位是指以对象 ID 作为输入，得到对应的数据或存储这些数据的节点。关键词搜索则是指输入一个或多个关键词，然后得到包含这些关键词的数据。非结构化的 P2P 系统主要依靠泛洪(flooding)或随机漫步(random walk)来处理查询[138]，在这样的系统中这两种搜索几乎没有区别。而对于结构化的 P2P 系统，这两种搜索则存在着巨大的差异。这主要是由于到目前为止几乎所有的结构化 P2P 系统都建立在分布式哈希表(DHT)的基础上，分布式哈希表能够很自然地实现数据定位，而对于关键词搜索却无法提供直接的支持。

1. 基于分布式哈希(DHT)的路由与查询技术

基于分布式 Hash 表的 P2P 系统包括 CAN[139], Pastry[140], Tapestry[141] ,Chord[142]。这些系统建立在确定性拓扑结构的基础上，从而表现出对网络中路由的指导性和网络中节点与数据管理的较强控制力。但是，对确定性结构的认识又限制了搜索算法效率的提升。我们分别讨论分布式 Hash 表 P2P 路由与查询算法中的相关性问题。

（1）状态与效率的权衡

Xu[143]等人对此问题进行了研究，分析了目前基于 DHT 的搜索算法，发现衡量搜索算法的两个重要参数度数（表示节点的邻居关系数）和链路长度（搜索算法的平均路径长度）之间存在渐进曲线的关系，如图 8-5 所示。可以看出，在规模为 N 的网络中，当每个节点维护的路由表的大小为 N 时，路由将在 $O(1)$内完成，但是因为 P2P 系统的动态性，这将导致极其沉重的维护开销。当每个节点仅记录一个邻居时，路由效率为 $O(N)$，这样的延时令人无法接受。图中标示了各种已经存在的路由协议对状态和效率的折衷。同时，研究分析了 $O(d)$的度和 $O(d)$的直径的算法是不可能的。从渐进曲线关系可以看出，如果想获得更短的路径长度，必然导致度数的增加。而网络实际连接状态的变化造成大度数邻居关系的维护复杂程度增加。另外，研究者证明 $O(\log N)$ 甚至 $O(\log N / \log\log N)$ 的平均路径长度也不能满足状态变化剧烈的网络应用的需求。新的搜索算法受到这种折衷关系制约的根本原因在于 DHT 对网络拓扑结构的确定性认识。

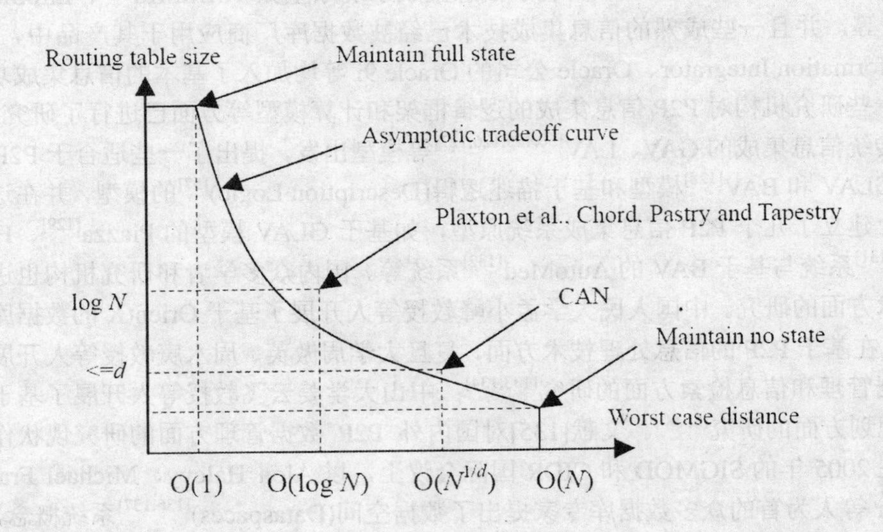

图 8-5　度数和直径之间的渐进曲线关系

（2）语义查询和 DHT 的矛盾

现有 DHT 算法由于采用分布式散列函数，所以只适合于准确的查找，如果要支持目前 Web 上搜索引擎具有的多关键字查找的功能，还要引入新的方法。主要的原因在于 DHT 的工作方式。基于 DHT 的 P2P 系统采用相容散列函数根据精确关键词进行对象的定位与发现。散列函数总是试图保证生成的散列值均匀随机分布，结果两个内容相似度很高但不完全相同的对象被生成了完全不同的散列值，存放到了完全随机的两个节点上。因此，DHT 可以提供精确匹配查询，但是支持语义是非常困难的。目前在 DHT 基础上开展带有语义的资源管

理技术的研究还非常少。由于 DHT 的精确关键词映射的特性决定了无法和信息检索等领域的研究成果结合，阻碍了基于 DHT 的 P2P 系统的大规模应用。

2. 非结构化查询技术

在非结构化的 P2P 系统中，洪泛(Flooding)和随机漫步(Random Walk)是两种最基本的搜索方式。

（1）Flooding 搜索方法

在最初的 Gnutella 协议中，使用的是 Flooding 方法，在网络中，每个节点都不知道其他节点的资源。当它要寻找某个文件，把这个查询信息传递给它的相邻节点，如果相邻节点含有这个资源，就返回一个 QueryHit 的信息给 Requester。如果它相邻的节点都没有命中这个被查询文件，就把这条消息转发给自己的相邻节点。这种方式像洪水在网络中各个节点流动一样，所以叫做 Flooding 搜索。由于这种搜索策略是首先遍历自己的邻接点，然后再向下传播，它每传播一次 TTL 减 1，如果 TTL 减到 0 还没有搜索到资源，则停止。如果搜索到资源则返回目标机器的信息以用来建立连接。在搜索过程中可能出现循环，但是由于有 TTL 控制，所以这个循环不会永远进行下去，当 TTL=0 的时候自然结束。所以又称为宽度优先搜索方法（BFS）。

（2）Modified-BFS 方法

这种方法是在宽度优先方法 Flooding 上面作了一定修改。跟 Flooding 搜索方法不同，搜索源只是随机地选取一定比例的相邻节点作为查询信息的发送目标，而不是发送给所有相邻节点。相比于 Flooding 方法来说，是以时间换取空间的有效尝试。

（3）Iterative Deepening 搜索方法

迭代递增是 Flooding 方法的改进，策略循环递增 TTL（Time to Live）值，这个值用来控制 Flooding 的搜索深度。与 Flooding 搜索方法给 TTL 赋一个较大的值不同，这种方法在初始阶段，给 TTL 一个很小的值，如果在 TTL 减为 0 还没有搜索到资源，则给 TTL 重新赋更高的值。这种策略可以减少搜索的半径，但是在最坏的情况下，延迟很大，如果 P2P 网络内重复资源丰富，这种方法在不影响搜索质量的基础上将减少网络内的查询流量，在有的文献中亦称为 Expanding Ring（扩展环搜索）。

（4）Random Walk 搜索方法

在随机漫步中，请求者发出 K 个查询请求给随机挑选的 K 个相邻节点。然后每个查询信息在以后的漫步过程中直接与请求者保持联系，询问是否还要继续下一步。如果请求者同意继续漫步，则又开始随机选择下一步漫步的节点，否则中止搜索。

（5）Gnutella2 的搜索方法

Gnutella2 建立 Super-Node，它存储着离它最近的叶子节点的文件信息，这些 SuperNode，再连通起来形成一个 Overlay Network。当叶子节点需要查询文件，它首先从它连接的 SuperNode 的索引中寻找，如果找到了文件，则直接根据文件所存储的机器的 IP 地址建立连接，如果没有找到，则 SuperNode 把这个查询请求发给它连接的其他超级节点，直到得到想要的资源。KaZaa、POCO 等都是基于这种超级节点的思想。

（6）基于移动 Agent 的搜索方法

移动 Agent 是一个能在异构网络中自主地从一台主机迁移到另一台主机，并可与其他 Agent 或资源进行交互的程序。Agent 非常适合在网络环境中来帮助用户完成信息检索的任务。现在意大利的一些研究人员在移动 Agent 结合 P2P 方面做了一些前沿的研究，其中的一些想法，就是通过在 P2P 软件中嵌入 Agent 的运行环境。当有节点需要搜索的时候，它发送一个移动 Agent 给它相邻的节点，移动 Agent 记录着它的一些搜索的信息。当这个 Agent 到达一台新的机器上，然后在这个机器上进行资源搜索任务，如果这台机器上没有它想要的

资源，则它把这些搜索的信息传给它的邻节点，如果找到资源，则返回给请求的机器。

（7）Query Routing 方法

这种方法是一种启发式搜索方法。首先，每个 Peer 给本节点的资源做索引，并且记录相邻节点的资源信息，当查询到达的时候，可以查询路由表直接定位到资源的位置，而不需要再次转发查询信息。

（8）小世界模型(Small World)对 P2P 搜索技术的影响

非结构化 P2P 搜索技术一直采用洪泛转发(Flooding)的方式，与 DHT 的启发式搜索算法相比，可靠性差，对网络资源的消耗较大。最新的研究从提高搜索算法的可靠性和寻找随机图中的最短路径两个方面展开。也就是对重叠网络(Overlay Network)的重新认识。其中，小世界模型特征和幂规律证明实际网络的拓扑结构既不是非结构化系统所认识的一个完全随机图，也不是 DHT 发现算法采用的确定性拓扑结构。实际网络体现的幂规律分布的含义可以简单解释为在网络中有少数节点有较高的“度”，多数节点的“度”较低。度较高的节点同其他节点的联系比较多，通过它找到待查信息的概率较高。

Small World 模型的特性：网络拓扑具有高聚集度和短链的特性。在符合 Small World 特性的网络模型中，可以根据节点的聚集度将节点划分为若干簇(Cluster)，在每个簇中至少存在一个度最高的节点为中心节点。大量研究证明了以 Gnutella 为代表的 P2P 网络符合 Small World 特征，也就是网络中存在大量高连通节点，部分节点之间存在“短链”现象。因此，P2P 搜索算法中如何缩短路径长度的问题变成了如何找到这些“短链”的问题。尤其是在 DHT 搜索算法中，如何产生和找到“短链”是搜索算法设计的一个新的思路。Small World 特征的发现和引入会对 P2P 搜索算法产生重大影响。

Guutella 重叠网络的 Small World 现象如图 8-6 所示。

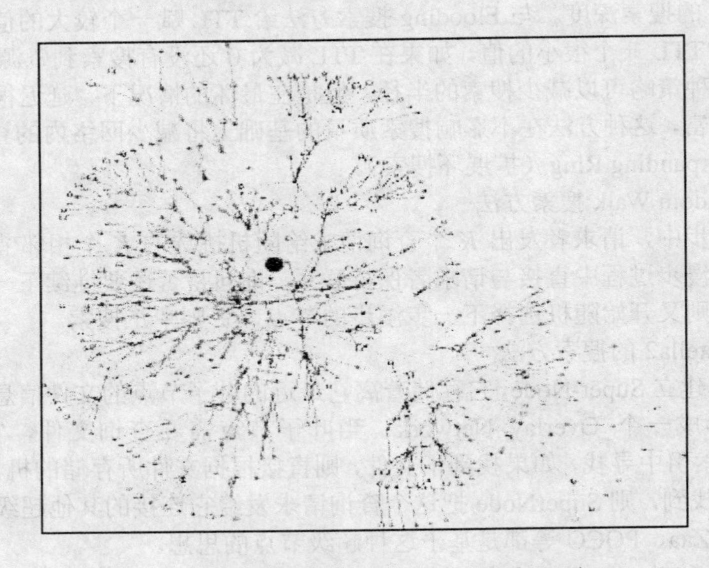

图 8-6　Gnutella 重叠网络的 Small World 现象

3. 查询与搜索技术的优化

（1）结构化网络的最佳路径选择

在实际的结构化网络中，路由效率也与节点与节点之间的网络延迟有关。由于节点与节点之间的实际距离在覆盖网中是透明的，所以，在覆盖网中的一步在实际网络中有可能是跨

越大洲的跳跃，而其他的一些可能只是局域网中的传输。没有考虑上述因素的路由协议往往会导致很高的路由延时。为适应实际的网络拓扑，至少有以下三种途径：

选择最佳路径：这种方案在路由过程中选择每一步的转发节点时，不仅考虑与目标在标识空间最接近的节点，同时也将考虑与目标之间网络延迟最短的节点。不同算法采用的策略不尽相同，但是它们都采用同样的基本手段处理在标识空间的靠近和在实际网络中的延时的权衡。在路由过程中选择下一步节点时，将对所有可能的走法进行比较，找出延时最小的节点或者是对标识空间距离和实际距离的最佳折衷点。模拟数据表明，这种做法可以有效地降低平均路由时间，但是由于实际网络对于覆盖网而言是透明的，所以这种方法的性能很大程度上取决于覆盖网中每一步路由可以选择的路径数量。

最佳邻居的选择：与上面介绍的方法不同，这种方法在选择邻居的时候考虑了实际网络距离的长短，而非仅仅在路由过程中考虑。在构建覆盖网的过程中，每一个节点对自己邻居的选择都是从所有在标识空间符合条件的点中选择与自己在拓扑中实际延迟最短的点。这种方案的实际效果取决于每个节点在覆盖网协议允许的前提下可选择的邻居节点的数量。

规划覆盖网构架：在大多数算法中，节点的标识是随机赋予的，对邻居的选择则是建立在这些随机获得的标识的基础上。然而，应该可以根据网络的状态来对标识进行非随机选择，以达到优化的目的。在这一点上，作了初步的尝试，并取得了较好的效果。在 CAN 的成功中，多维标识空间起了至关重要的作用，最近的研究指出，多维的几何空间可以形象地模拟出 Internet 的延迟[144]。这就引出了采用一维标识空间的系统是否能够有效地优化网络构架的问题。然而，在前面提到的两种优化的前提下，对覆盖网构架的规划并不能使系统的延时进一步有效降低，同时，这种相关性的规划会影响到覆盖网的鲁棒性等其他优点。

（2）非结构化搜索技术的优化

目前，泛洪和随机漫步的搜索效率都不尽人意。为了使搜索效率更高，可扩展性更好，就需采用一些优化措施。在非结构化的 P2P 系统中，搜索的优化主要有三种思路：一是信息聚合，即节点汇总来自其他节点的内容。采用这种方式，节点能够获得更多关于整个系统的信息，因此有望提高搜索效率。二是内容聚类，即系统中的信息根据语义或用户的兴趣进行聚类。聚类的信息则可以用来减少搜索时涉及的节点。三是利用节点的异构性，该技术尚在探索中。

定向泛洪与偏向性随机漫步：定向泛洪指节点仅将消息发送给其部分邻居节点，这些节点被认为有望获得更满意的查询结果。偏向性随机漫步则是指在随机漫步中，不是随机地选择节点，而是选择那些更有可能获得更满意结果的节点。与一般的泛洪与随机漫步相比，这两种技术不但可以减小通信开销，还可以提高结果的质量。

***R*步复制**：在使用该技术的系统中，每个节点维护距该节点 R 步之内所有节点的数据的一个索引。当节点收到查询时，就可以代表距其 R 跳数内的所有节点来回答该查询，这样可以有效地减小开销。

超级节点：在采用这种技术的 P2P 技术中，所有超级节点连接成一个 P2P 网络，而普通节点则连接到一个或多个超级节点上[145,146]。超级节点通常具有较强的处理能力，足以维护包含所有与其连接的普通节点的信息索引，查询通常由超级节点来处理。

（3）基于关键词搜索的全局索引优化

结构化 P2P 系统中最常见的搜索方式就是全局索引，即每个关键词及其对应的倒排表通过 DHT 被映射到系统中某个节点上。对于与多个关键词相关的查询，查询必须被发送到与这些关键词对应的所有节点上，相关的所有倒排表都被返回，然后通过求交运算得到最终结果。采用这种方式，对于一个与 k 个关键词相关的查询，最多需要与 k 个节点通信。然而倒排表求交集的运算需要把相关的倒排表都通过网络进行传送，其带宽消耗和时间代价都是相当可观的。为缓解这一问题，许多优化方案被提出，其中比较重要的有：

压缩：为了减小通信开销，数据必须被压缩后再发送。Bloom filter 是一种基于哈希的数据结构，它能够提取出一个较小集合中的内容信息，并以较高的成功率进行匹配。如果两个节点上的倒排表需要求交，节点 A 可以压缩其倒排表并发送 Bloom filter 到另一个节点 B，节点 B 将 Bloom filter 与其上存储的倒排表求交，在将结果压缩并返回，节点 A 就可以对结果进行整理后返回给用户。

缓存：缓存作为一种可以提高效率的技术，被广泛应用。对于采用全局索引的缓存技术主要应用在两个地方：倒排表缓存和结果缓存。倒排表缓存是指节点将查询过程中收到的倒排表缓存起来，以避免多次重复地对该倒排表进行网络传输。结果缓存则意味着被缓存的是查询的结果。关键词的流行程度是符合 Zipf 分布的，这就意味着大多数的查询集中在少数一部分关键词上，因此缓存技术能够有效地减少通信开销。

预计算：采用这种技术的系统会提前计算某些倒排表的交集，并存储起来。该技术与缓存技术有某些相似之处。

增量式交集：在多数查询中，用户需要的其实是部分最相关文档的交集，而不是全部结果的交集，这就使我们可以采用增量式交集的方式有效地减少通信开销并改进效率。对于两个倒排表求交，可以将其中一个倒排表分割成若干块，然后边传送边计算，当某些条件满足后即可不再传送其他的块。

8.5.3 语义处理机制

在 P2P 环境下研究信息共享的另一条思路是如何利用语义信息改善 P2P 网络结构，使它更适合基于语义的信息共享。语义查询路由技术是目前研究的重点。目前这种技术已经形成了两种思路：一种是以语义覆盖网络(Semantic Overlay Network)为基础的路由策略[148,149,150]，它主要表达了特征值(如逻辑距离、哈希值)相近的节点在语义上也是相近的这一概念。PeerSearch[148]通过 VSM 和 LSI 的方法将文件描述矢量转换成 CAN 上的语义覆盖网络，把语义查询直接对应到语义空间，但它对资源的矢量化过程的代价不菲。还有以层次化概念的方法来实现 SON[150]，但在初始分层时需要较多的人为参与。SemreX 则利用语义相似度构建一个语义 P2P 覆盖网络[151]，P2PSLN 则是构建于语义链接网络(Semantic Link Network)的语义 P2P 形式[152]。文献[153]从分析 Hash 散列函数的性质入手，归纳出目的节点、传统 Chord 语义路由中继节点序列、聚类邻居节点集三者之间的逻辑关联特性，并将其应用于所提出的基于自组织聚类的语义路由改进算法 SCSRAA(Self-organizing Clustering Semantic Routing Advanced Algorithm)中，从而达到提高语义路由效率的研究目的。

另一种是以智能动态路由为基础的路由策略[154,155,156,157,158]，大多建立在类 Gnutella 的网络结构上，每个节点维护一个本地路由表(知识库)，维护行为是一个动态的不断学习的过程，表达自己对网络中资源分布情况的理解。随机游走通过概率分析来构建节点的本地知识库，使查询泛洪带有一定的目的性，文献[157]也表达了相近的思路。Neurogrid[156]通过检查经过包的内容，使节点学习资源分布情况以本地知识库能够提供的查询关键字数量评价该节点的能力。这类方法能够支持模糊关键字查询，但可扩展性不强，其智能会随着网络规模的扩大

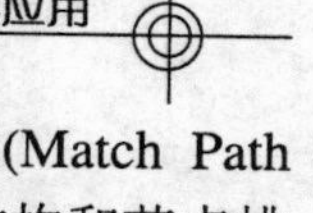

而逐渐降低。文献[159]提出了基于匹配路径和概率平衡树的 P2P 语义路由模型(Match Path and Probability Balance Tree, MPPBTree)，通过层次化和匹配路径组织资源存储结构和节点排布方式，达到一种近似平衡的分布特征，使节点能够根据查询内容本身进行路由决策，并同时保持较低的维护开销。模型支持灵活的语义搜索，拥有良好的可扩展性，保证任意节点的路由都能覆盖全网络。

在语义 P2P 的应用方面，目前国内外的研究比较侧重于 P2P 环境下的文献检索和共享。例如华中科技大学的金海教授等设计的 SemreX 系统；中国科学院计算技术研究所的诸葛海教授等在语义链接网络上设计原型系统以及较著名的 Bibster[160]等。

8.6 本章小结

利用语义桌面技术开发的应用系统改变了目前的基于目录的（Directory Oriented）资源管理方式，实现了基于语义的（Semantic Oriented）资源管理方式，提高了资源查找和定位的效率, 并且能建立不同资源文件之间的语义联系，用户通过语义之间的关联更有效地处理个人业务，同时通过语义关联能够发现新的知识。本章首先介绍了语义桌面的起源及国内外研究进展，然后讨论了语义桌面的架构，介绍了相应的原型系统 OntoBook，最后讨论了将语义桌面扩展至语义 P2P 环境的一些相应策略。

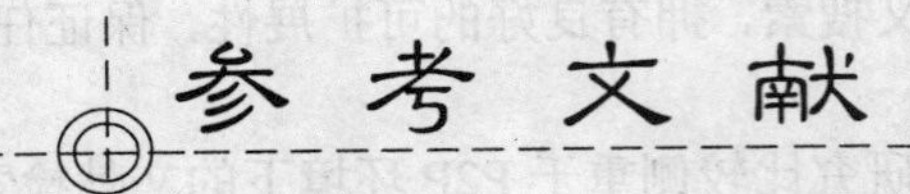

参考文献

[1] T. Berners-Lee, J. Hendler, O. Lassila, The Semantic Web[J]. Scientific American, 2001,284 (5):34-43.

[2] J. Davies, D. Fensel, F.v. Harmelen, TOWARDS THE SEMANTIC WEB Ontology-driven Knowledge Management [M],John Wiley & Sons Ltd, 2003.

[3] 宋炜，张铭，语义网简明教程[M]. 北京:高等教育出版社, 2004.

[4] B.Chandrasekaran, J.R.Josephson, V.R.Benjamins, Ontologies: What are they? Why do we need them? [J]. IEEE Intelligent Systems and their applications, 1999, 14(1):20-26.

[5] 邓志鸿，唐世渭，张铭 et al., Ontology 研究综述[J]. 北京大学学报(自然科学版), 2002, 38(5):730-738.

[6] E.R.Harold, XML Bible [M],John Wiley & Sons Ltd, 2001.

[7] A. Deutsch, M. Fernandez, D. Florescu et al., A Query Language for XML [A], Proceedings of The Eighth International World Wide Web Conference[C], ACM Press, Toronto, 1999.

[8] J. Robie, J.Lapp, D.Schach, XML Query Language (XQL) [A], Proceedings of the W3C Query Language Workshop (QL-98)[C], Boston, MA, 1998.

[9] S.Comai, E.Damiani, P.Fraternali, Computing Graphical Queries over XML Data [J]. ACM Trans.on Information Systems, 2001, 19(4):371-430.

[10] D. Chamberlin, J. Robie, D. Florescu, Quilt: An XML Query Language for Heterogeneous Data Sources [A], Third International Workshop on The World Wide Web and Databases, [C], LNCS 1997, Springer-Verlag, Dallas, Texas, 2000:1-25.

[11] N. Fuhr, K. Grobjohann, XIRQL: An XML Query Language Based on Information Retrieval Concepts [J]. ACM Transactions on Information Systems, 2004, 22(2):313-356.

[12] C. Beeri, Y. Tzaban, SAL: An algebra for semistructured data and XML [A]. in: S. Cluet, and T. Milo, (Eds.), Proc.of the Workshop on the Web and Databases (WebDB'99)[C], LNCS, Springer, 1999:37-42.

[13] F. Frasincar, G.-J. Houben, C. Pau, XAL: an Algebra for XML Query Optimization [A], Australasian Database Conference 2002[C], IEEE Computer Society Press, 2002:49-56.

[14] H.V.Jagadish, L.V.S. Lakshmanan, D. Srivastava et al., TAX: A Tree Algebra for XML [A]. in: G. Ghelli, and G. Grahne, (Eds.), 8th International Workshop on Database Programming Languages[C], LNCS 2397, Springer-Verlag, 2001:149-164.

[15] C. Sartiani, A. Albano, Yet Another Query Algebra For XML Data [A], Proceedings of the International Database Engineering and Applications Symposium (IDEAS'02)[C], IEEE Computer Society, 2002:106-115.

[16] 孟小峰，罗道峰，蒋瑜 etal.. OreintXA:一种有效的XQuery查询代数[J]. 软件学报, 2004,

15(11):1 648-1 660.

[17] D. Colazzo, C. Sartiani, A. Albano etal., A Typed Text Retrieval Query Language for XML Documents [J]. JOURNAL OF THE AMERICAN SOCIETY FOR INFORMATION SCIENCE AND TECHNOLOGY, 2002, 53(6):467-488.

[18] H.V.Jagadish, S. Al-Khalifa, A. Chapman etal., TIMBER: A native XML database [J]. The VLDB Journal, 2002, 11(4):274-291.

[19] S.Abiteboul, D.Quass, J.McHugh etal., The Lorel Query Language for Semistructured Data [J]. Journal of Digital Libraries, 1996, 1(1).

[20] J. Gu, H. Chen, L. Yang etal., OBSA: Ontology-based Semantic Information Processing Architecture [A], Proceedings of 2004 IEEE/WIC/ACM International Conference on Web Intelligence. Beijing[C], IEEE Computer Society Press, 2004:607-610.

[21] J. Gu, H. Chen, X. Chen, An Ontology-based Representation Architecture of Unstructured Information [J]. Wuhan University Journal of Natural Sciences, 2004, 9(5):595-600.

[22] N. Robert, F. Richard, F. Tim etal., Enabling Technology For Knowledge Sharing [J]. AI Magazine, 1991, 12(3):36-56.

[23] T.R. Gruber, A Translation Approach to Portable Ontology Specifications[J]. Knowledge Acquisition, 1993, 5(2):199-220.

[24] W.N. Borst, Construction of Engineering Ontologies for Knowledge Sharing and Reuse[D], University of Twente, Enschede, 1997.

[25] R. Studer, V.R. Benjamins, D. Fensel, Knowledge Engineering, Principles and Methods[J]. Data and Knowledge Engineering, 1998, 25(1-2):161-197.

[26] A.G. Perez, V.R. Benjamins, Overview of Knowledge Sharing and Reuse Components: Methods :Lessons Learned and Future Trends (IJCAI99)[C], de Agosto, Estocolmo, 1999:1-15.

[27] F. Baader, D.L. McGuinness, D. Nardi etal., The Description Logic Handbook: Theory, Implementation and Applications[M], Cambridge:Cambridge University Press, 2003.

[28] E. Bozsak, M. Ehrig, S. Handschuh, KAON:Towards a Large Scale SemanticWeb [A], Proceedings of EC-Web 2002[C], Springer-Verlag, 2002:304-313.

[29] J. Gu, H. Chen, X. Chen, An Ontology-based Knowledge Repository Model on the Grid [A]. in: H.Zhuge, W.K.Cheung, and J.Liu, (Eds.), Proceedings of the second international workshop on Knowledge Grid and Grid Intelligence in Conjunction with 2004 IEEE/WIC/ACM International Conference on Web Intelligence/ Intelligent Agent Technology[C], 2004:79-86.

[30] M. Sintek, S. Decker, TRIPLE - A Query, Inference and Transformation Language for the Semantic Web [A], Proceedings of the First International Semantic Web Conference[C], LNCS 2342, Springer-Verlag, 2002:364-378.

[31] M. Kifer, G. Lausen, J. Wu, Logic Foundations of Object-Oriented and Frame-Based Languages [J]. Journal of the ACM, 1995, 42(4):741-843.

[32] N. Guarino, Formal ontology and information systems[A], Proc of the 1st Int'l Conf on Formal Ontology in Information Systems[C], IOS Press, Trento , Italy, 1998:3-15.

[33] Ontolingua. http://www.ksl.stanford.edu/software/ontolingua.

[34] LOOM. http://www.isi.edu/isd/LOOM/LOOM-HOME.html.

[35] T.R. Gruber, ONTOLINGUA : A mechanism to support portable ontologies[R], Stanford University, 1992.

[36] knowledge interchange format. http://logic.stanford.edu/kif/.

[37] CLIPS. http://www.ghg.net/clips/CLIPS.html.

[38] N. Singh, M. Genesereth, Epikit: a library of subroutines supporting declarative representations and reasoning [J]. ACM SIGART Bulletin, 1991, 2(3):143-151.

[39] S.Bechhofer, F.v.Harmelen, J.Hendler etal., OWL Web Ontology Language Reference[J/OL], World Wide Web Consortium, 2004, http://www.w3.org/tr/owl-ref.

[40] Wordnet. http://wordnet.princeton.edu/.

[41] Framenet. http://www.icsi.berkeley.edu/~framenet/.

[42] GUM. http://www.fb10.uni-bremen.de/anglistik/langpro/webspace/jb/gum/index.htm.

[43] SENSUS. http://www.isi.edu/natural-language/resources/sensus.html.

[44] D. Beckett, B. McBride, RDF/ XML Syntax Specification(Revised)[J/OL], World Wide Web Consortium, 2004, http://www.w3.org/tr/rdf-syntax-grammar/.

[45] D. Brickley, R.V. Guha, RDF Vocabulary Description Language: RDF Schema[J/OL], World Wide Web Consortium, 2004, http://www.w3.org/tr/rdf-schema/.

[46] D.L. McGuinness, F.v. Harmelen, OWL Overview Recommendation. http://www.w3.org/TR/2004/REC-owl-features-20040210/.

[47] 刘升平,兰煜峰, OWL Web 本体语言概述. http://www.transwiki.org/cn/owloverview.htm.

[48] 杨先娣, 彭智勇, 刘君强 etal., 信息集成研究综述[J]. 计算机科学, 2006, 33(7):55-59.

[49] M. Lenzerini, Data integration: a theoretical perspective[A], Proceedings of the twenty-first ACM SIGMOD-SIGACT-SIGART symposium on Principles of database systems[C], ACM Press, Madison, Wisconsin, 2002:233-246

[50] H.G. Molina, Y.Papakonstantinou, D.Quass etal., The TSIMMIS project: Integration of heterogeneous information sources [J]. Journal of Intelligent information systems, 1997, 8(2):117-132.

[51] L.M. Haas, D. Kossmann, E.L. Wimmers etal., Optimizing queries across diverse data sources [A]. in: M. Jarke, M.J. Carey, K.R. Dittrich, F.H. Lochovsky, P. Loucopoulos, and M.A. Jeusfeld, (Eds.), Proceedings of 23rd International Conference on Very Large Data Bases[C], Morgan Kaufmann, Athens, Greece, 1997:276-285.

[52] C.T. Kwok, D.S. Weld, Planning to gather information [A], Proceedings of the AAAI 13th National Conference on Artificial Intelligence[C], MIT Press, Portland, Oregon, 1996:32-39.

[53] O.M. Duschka, M.R. Genesereth, Query planning in infomaster [A], Proceedings of the ACM Symposium on Applied Computing[C], 1997.

[54] M.Friedman, D.Weld, Efficient execution of information gathering plans [A], Proceedings of the International Joint Conference on Artificial Intelligence[C], 1997.

[55] 杜剑峰, 网络信息集成系统研究[D], 中山大学, 2002.

[56] A.Y. Levy, D.S. Weld, Intelligent Internet Systems [J]. Artificial Intelligence, 2000,

118(1-2):1-14.

[57] D. Calvanese, G.D. Giacomo, M. Lenzerini, Description logics for information integration[A], Computational Logic: From Logic Programming into the Future[M], LNCS, Springer-Verlag, 2001.

[58] A.Y. Levy, The Information Manifold Approach to Data Integration[J]. IEEE Intelligent Systems, 1998, 13(5):12-24.

[59] V. Lattes, M.-C. Rousset, The use of the CARIN language and algorithms for information integration: the PICSEL project [A], Proceedings of the ECAI-98 Workshop on Intelligent Information Integration[C], 1998.

[60] 杜剑峰, 姜云飞. 网络信息集成的研究[J]. 计算机科学, 2002, 29(5):36-39.

[61] C.A. Knoblock, Building a planner for information gathering: A report from the trenches [A], Proceedings of the Third International Conference on Artificial Intelligence Planning Systems[C], 1996.

[62] S. Abiteboul, V. Vianu, Datalog extensions for database queries and updates[J]. Journal of Computer and System Sciences, 1991, 43(1):62-124.

[63] Y. Papakonstantinou, H. Garcia-Molina, J. Widom, Object exchange across heterogeneous information sources[A], Proc. of ICDE 1995[C], IEEE, 1995:251 - 260

[64] J. McHugh, S. Abiteboul, R. Goldman etal., Lore: a database management system for semistructured data[J]. ACM SIGMOD Record, 1997, 26(3):54 - 66.

[65] A. Sahuguet, F. Azavant, Building Light-Weight Wrappers for Legacy Web Data-Sources Using W4F[A], Proceedings of the 25th International Conference on Very Large Data Bases[C], Morgan Kaufmann Publishers Inc, 1999:738-741.

[66] X. Meng, H. Lu, M. Gu etal., SG-WRAP: A Schema-Guided Wrapper Generator[A], Proc.of the 18th International Conference on Data Engineering(ICDE'02)[C], IEEE Computer Society Press, 2002:331-332.

[67] A. Arasu, H. Garcia-Molina, Extracting structured data from Web pages[A], Proceedings of the 2003 ACM SIGMOD international conference on Management of data[C], ACM Press, 2003:337 - 348

[68] S. Abiteboul, D. Quass, J. McHugh etal., The Lorel query language for semistructured data [J]. International Journal on Digital Libraries, 1997, 1(1):68-88.

[69] P. Buneman, Semistructured data[A], Proceedings of the sixteenth ACM SIGACT-SIGMOD-SIGART symposium on Principles of database systems[C], ACM Press, 1997:117 - 121.

[70] G.O. Arocena, A.O. Mendelzon, WebOQL: Restructuring documents, databases, and webs[J]. Theory and Practice of Object Systems, 1999, 5(3):127 - 141.

[71] M. Fernandez, D. Florescu, A. Levy etal., A query language for a Web-site management system[J]. ACM SIGMOD Record, 1997, 26(3):4-11.

[72] E. Hung, Y. Deng, V.S.Subrahmanian, TOSS: An Extension of TAX with Ontologies and Similarity Queries [A], Proceedings of the 2004 ACM SIGMOD international conference on Management of data[C], ACM Press, Paris, France, 2004:719-730.

[73] L. Zhang, H. Chen, J. Gu, A FRAMEWORK OF SEMANTIC INFORMATION

REPRESENTATION IN DISTRIBUTED ENVIRONMENTS [J]. Wuhan University Journal of Natural Sciences, 2005, 10(6):57-62.

[74] 顾晋广，陈和平，周静宁，非结构化信息存储系统中事务处理机制的实现[J]. 武汉理工大学学报（交通科学与工程版）, 2004, 9(6):939-942.

[75] 周静宁. 非结构化信息的事务处理机制研究[D], 武汉科技大学, 2004.

[76] 杨玲贤. 基于本体的非结构化信息访问机制研究[D], 武汉科技大学, 2004.

[77] J. Gu, B. Xu, X. Chen, An XML query rewriting mechanism with multiple ontologies integration based on complex semantic mapping[J]. Information Fusion, 2008, Accepted.

[78] Y. Qu, W. Hu, G. Cheng, Constructing Virtual Documents for Ontology Matching[A], ACM Press, Edinburgh, Scotland, 2006:23-31.

[79] A. Doan, J. Madhavan, P. Domingos etal., Learning to map between ontologies on the semantic web[A], ACM Press, 2002:662-673.

[80] R. Pan, Z. Ding, Y. Yu et al., A Bayesian Network Approach to Ontology Mapping[A], LNCS 3729, Springer Verlag, 2005:563-577.

[81] Y. Kalfoglou, M. Schorlemmer, Ontology Mapping: The State of the Art[J]. The Knowledge Engineering Review, 2003, 18(1):1-31.

[82] W.W. Cohen, P. Ravikumar, S.E. Fienberg, A Comparison of String Distance Metrics for Name-Matching Tasks [A], Proceedings of the IJCAI-2003 Workshop on Information Integration on the Web[C], AAAI, 2003:73-78.

[83] J. Kwon, D. Jeong, L.-S.L. E etal., INTELLIGENT SEMANTIC CONCEPT MAPPING FOR SEMANTIC QUERY REWRITING/OPTIMIZATION IN ONTOLOGY-BASED INFORMATION INTEGRATION SYSTEM [J]. International Journal of Software Engineering and Knowledge Engineering, 2004, 14(05):519-542.

[84] S. Paparizos, Y. Wu, L.V.S. Lakshmanan etal., Tree logical classes for efficient evaluation of XQuery [A]. in: G. Weikum, A.C.K.o. nig, and S. Debloch, (Eds.), Proceedings of the 2004 ACM SIGMOD international conference on Management of data[C], ACM, 2004:71-82.

[85] Z.W. Ras, A. Dardzinska, Handing Semantic Inconsistencies in Query Answering based on Distributed knowledge mining [J]. Internation Journal of Pattern Recongnition and Artificial Intelligence, 2002, 16(8):1 087-1 099.

[86] Z.W. Ras, A. Dardzinska, Ontology-based distributed autonomous knowledge systems [J]. Information Systems, 2004, 29:47-58.

[87] 都志辉, 陈渝, 刘鹏. 网格计算[M], 北京:清华大学出版社, 2002

[88] I. Foster, C. Kesselman, The Grid:Blueprint for a New Computing Infrastructure [M],Mogran Kaufmann, 1999.

[89] I. Foster, C. Kesselman, The Grid:Blueprint for a New Computing Infrastructure (2nd)[M], San Francisco, CA:Morgan Kaufmann, 2003.

[90] I. Foster, C. Kesselman, J.M. Nick etal., The Physiology of the Grid An Open Grid Services Architecture for Distributed Systems Integration [R], 2002.

[91] I. Foster, C. Kesselman, S. Tuecke, The Anatomy of the Grid: Enabling Scalable Virtual Organizations [J]. International J.High-Performance Computing Applications, 2001,

15(3):200-222.

[92] 史隆，都志辉，网格数据库管理模型与策略[J]. 计算机科学, 2004, 31(5):12-14.

[93] M.N. Alpdemir, A. Mukherjee, N.W. Paton et al., Service-Based Distributed Querying on the Grid [A], Service Oriented Computing - ICSOC 2003 First International Conference[C], LNCS 2910, Springer-Verlag, 2003:467-482.

[94] M.N.Alpdemir, A.Mukherjee, A.Gounaris et al., OGSA-DQP: A Service-Based Distributed Query Processor for the Grid [A], Proceedings of the Second e-Science All Hands Meeting, Nottingham[C], 2003.

[95] A. Wohrer, P. Brezany, A.M. Tjoa, Novel mediator architectures for Grid information systems [J]. Future Generation Computer Systems, 2005, 21:107-114.

[96] A. Wohrer, P. Brezany, I. Janciak et al., Virtualizing Heterogeneous Data Sources on the Grid-Design Concepts and Implementation [A]. in: H. Zhuge, W.K. Cheung, and J. Liu, (Eds.), Proceedings of the Second International Workshop on Knowledge Grid and Grid Intelligence In Conjunction with 2004 IEEE/WIC/ACM International Conference on Web Intelligence/Intelligent Agent Technology[C], Beijing, 2004:34-47.

[97] S.M. Pahlevi, I. Kojima, OGSA-WebDB: An OGSA-Based System for Bringing Web Databases into the Grid [A], Proceedings of the International Conference on Information Technology: Coding and Computing (ITCC04)[C], IEEE Computer Society Press, 2004:105-110.

[98] H. Zhuge, A Knowledge grid model and platform for global knowledge sharing [J]. Expert Systems with Applications, 2002, 22:313-320.

[99] H. Zhuge, Knowledge flow management for distributed team software development [J]. Konwledge-based systems, 2002, 15(5):465-471.

[100] H. Zhuge, A Knowledge flow model for peer-to-peer team knowledge sharing and management [J]. Expert Systems with Applications, 2002, 23(1):23-30.

[101] P. Wang, B. Xu, J. Lu, Bridge Ontology: A Multi-Ontologies-Based Approach for Semantic Annotation [J]. Wuhan University Journal of Natural Sciences, 2004, 9(5):617-622.

[102] B. Xu, P. Wang, J. Lu et al., Theory and Semantic Refinement of Bridge Ontology based on Multi-ontologies [A], Proceedings of the 16th IEEE International Conference on Tools with Artificial Intelligence (ICTAI 2004)[C], IEEE Computer Society Press, 2004.

[103] T. Finin, Y. Labrou, J. Mayfield, KQML as an agent communication language [A], Software agents[M], MIT Press, 1997:291-316.

[104] H. Zhuge, J. Liu, A Knowledge Grid Operation Language [J]. ACM SIGPLAN Notices, 2003, 38(4):57-66.

[105] F. Frasincar, G.-J. Houben, R. Vdovjak etal., RAL: an Algebra for Querying RDF [J]. World Wide Web: Internet and Web Information Systems, 2004, 7(1):83-109.

[106] Q. Sheng, Z. Shi, A Knowledge-based Data Model and Query Algebra for the Next-Generation Web [A], Proceedings of APWeb 2004 [C], LNCS 3007, Springer-Verlag, 2004:489-499.

[107] L. Sauermann, The gnowsis-using semantic web technologies to build a semantic

desktop[D], Technical University of Vienna, 2003.

[108] S. Decker, M. Frank, The Social Semantic Desktop[A], WWW2004 Workshop Application Design, Development and Implementation Issues in the Semantic Web [C], 2004.

[109] A. Harth, Seco: mediation services for semantic web data[J]. Intelligent Systems, 2004, 19(3):66-71.

[110] C. Bizer, A. Seaborne, D2rq-treating non-rdf databases as virtual rdf graphs[A], Proceedings of the 3rd International Semantic Web Conference (ISWC2004)[C], 2004.

[111] Microsoft, Information bridge framework. http://msdn.microsoft.com/office/understanding/ibframework/default.aspx.

[112] D. Quan, D. Huynh, D.R. Karger, Haystack: A platform for authoring end user semantic web applications, International Semantic Web Conference, 2003.

[113] J. Gemmell, G. Bell, R. Lueder etal., Mylifebits: Fulfilling the memex vision[A], Proceedings of the tenth ACM international conference on Multimedia [C], France, 2002:235-238.

[114] the fenfire project. http://fenfire.org/.

[115] J. Geldart, Rdf without revolution: an analysis and test of rdf and ontology[D], Department of Computer Science, University of Durham, 2005.

[116] X. Zhang, W. Shen, Y. Qu, WonderDesk-A Semantic Desktop for Resource Sharing and Management[A], Proc. of Semantic Desktop Workshop 2005[C], 2005.

[117] H. Zhuge, Active e-Document Framework ADF: Model and Platform[J]. Information and Management, 2003, 41(1):87-97.

[118] 徐宝文，张卫丰，搜索引擎与信息获取技术[M]，北京:清华大学出版社, 2003.

[119] O. Gospodnetic, E. Hatcher, Lucene in Action[M],Manning, 2005.

[120] 罗杰文, Peer-to-Peer 综述[J/OL], 2006, http://www.intsci.ac.cn/users/luojw/P2P/index.html.

[121] 郑纬民，胡进锋，代亚非 etal.. 对等计算研究概论[J]. 中国计算机学会通讯, 2005, 1(2):1-21.

[122] 徐恪，熊勇强，吴建平，对等网络研究综述[J/OL], 2005, http://bigpc.net.pku.edu.cn:8080/paper/surveyP2P.pdf.

[123] J. R. J. Bayardo, W. Bohrer, R. Brice etal., InfoSleuth: Agent-Based Semantic Integration of Information in Open and Dynamic Environments[A], Proceedings of the ACM SIGMOD International Conference on Management of Data[C], ACM Press, New York, 1997:195-206.

[124] X. Meng, D. Luo, M.L. Lee etal., OrientStore: A Schema Based Native XML Storage System (Demo)[A], Berlin, Germany, 2003.

[125] A.Y. Halevy, Answering queries using views: A survey[J]. The VLDB Journal, 2001, 10(4):270-294.

[126] A.Y. Levy, A. Rajaraman, J.J. Ordille, Querying Heterogeneous Information Sources Using Source Descriptions[A], Proceedings of the Twenty-second International Conference on Very Large Databases[C], Bombay, India, 1996:251-262.

[127] M. Lenzerini, Data integration: a theoretical perspective[A], Proceedings of the twenty-first ACM SIGMOD-SIGACT-SIGART symposium on Principles of database systems [C], 2002:233 - 246.

[128] P. McBrien, A. Poulovassilis, Data Integration by Bi-Directional Schema Transformation Rules[A], Proc.of ICDE03[C], IEEE Computer Society Press, San Fransisco, 2003:227-238.

[129] A.Y. Halevy, Z.G. Ives, J. Madhavan etal., The piazza peer data management system[J]. IEEE Trans. on Knowledge and Data Engineering, 2004, 16(7):787-798.

[130] D. Calvanese, G.D. Giacomo, D. Lembo et al., Hyper: A Framework for Peer-to-Peer Data Integration on Grids[A], First International IFIP Conference on Semantics of a Networked World (ICSNW 2004)[C], LNCS 3226, Springer, 2004:144-157.

[131] E. Franconi, G. Kuper, A. Lopatenko etal., The coDB Robust Peer-to-Peer Database System [R], University of Trento, 2004.

[132] M. Boyd, S. Kittivoravitkul, C. Lazanitis etal., AutoMed: A BAV Data Integration System for Heterogeneous Data Sources[A], Proceedings of CAiSE2004[C], LNCS 3084, Springer, 2004.

[133] Z. AoYing, Q. WeiNing, Z. ShuiGeng etal., Data Management in Peer-to-Peer Environment:A Perspective of BestPeer[J]. JOURNAL OF COMPUTER SCIENCE & TECHNOLOGY, 2003, 18(4):452-461.

[134] Z. Zhang, S. Zhou, W. Qian etal., Keyword Search by Node Selection for Text Retrieval on DHT-Based P2P Networks[A], Proc. of DASFAA 2006[C], LNCS, Beijing, 2006:797-806.

[135] 余敏，李战怀，张龙波. P2P 数据管理[J]. 软件学报, 2006, 17(8):1 717-1 730.

[136] M. Franklin, A. Halevy, D. Maier, From Databases to Dataspaces: A New Abstraction for Information Management[J]. ACM SIGMOD Record, 2005, 34(4):27-33.

[137] A. Halevy, M. Franklin, D. Maier, Principles of Dataspace Systems[A], Proceedings of the twenty-fifth ACM SIGMOD-SIGACT-SIGART symposium on Principles of database systems[C], ACM Press, 2006:1-9.

[138] C. Gkantsidis, M. Mihail, A. Saberi, Random Walks in Peer-to-Peer Networks[A], Proc. of IEEE INFOCOMM 2004[C], IEEE Computer Society Press, HongKong, 2004:120-130.

[139] S. Ratnasamy, P. Francis, M. Handley etal., A Scalable Content-Addressable Network[A], Proc. of SIGCOMM 2001[C], 2001:161-172.

[140] A. Rowstron, P. Druschel, Pastry: Scalable, decentralized object location and routing for large-scale peer-to-peer systems[A], Proc. of IFIP/ACM International Conference on Distributed Systems Platforms (Middleware)[C], Heidelberg, Germany, 2001:329-350.

[141] Tapestry. http://current.cs.ucsb.edu/projects/chimera/.

[142] I. Stoica, R. Morris, D. Liben-Nowell etal., Chord: A Scalable Peer-to-peer Lookup Protocol for Internet Applications[J]. IEEE/ACM Transactions on Networking, 2003, 11(1):17-32.

[143] J. Xu, A. Kumar, X. Yu, On the Fundamental Tradeoffs between Routing Table Size and Network Diameter in Peer-to-Peer Networks[J]. IEEE Journal on Selected Areas in Communications, 2004, 22(1):151- 163.

[144] T.S.E. Ng, H. Zhang, Towards global network positioning[A], Proceedings of the 1st ACM

SIGCOMM Workshop on Internet Measurement [C], ACM Press, 2001:25 - 29.
[145] KaZaA. http://www.Kazaa.com.
[146] B. Yang, H. Garcia-Molina, Designing a Super-Peer Network[A], Proc. of ICDE 2003[C], IEEE Computer Society Press, 2003:49 - 60
[147] B.H. Bloom, Space/time trade-offs in hash coding with allowable errors[J]. Communications of the ACM, 1970, 13(7):422-426.
[148] C. Tang, Z. Xu, S. Dwarkadas, Peer-to-Peer Information Retrieval Using Self-Organizing Semantic Overlay Networks[A], InfoComm 2003[C],ACM Press, 2003:175 - 186
[149] A. Crespo, H. Garcia-Molina, Semantic Overlay Networks for P2P Systems[J/OL], http://infolab.stanford.edu/~crespo/publications/op2p.pdf.
[150] H.T. Shen, Y. Shu, B. Yu, Efficient Semantic-Based Content Search in P2P Network[J]. IEEE TRANSACTIONS ON KNOWLEDGE AND DATA ENGINEERING, 2004, 16(7):813-826.
[151] 陈汉华，金海，宁小敏 etal.. SemreX:一种基于语义相似度的P2P覆盖网络[J]. 软件学报, 2006, 17(5):1170－1181.
[152] H. Zhuge, QUERY ROUTING IN A PEER-TO-PEER SEMANTIC LINK NETWORK[J]. Computational Intelligence, 2005, 21(2):197-216.
[153] 刘业，杨鹏. 基于自组织聚类的结构化 P2P 语义路由改进算法[J]. 软件学报，2006, 17(2):339-348.
[154] N. Ishikawa, H. Sumino, E. Omata etal., Semantic content search in P2P networks based on RDF schema[A], Prof. of 2003 IEEE Pacific Rim Conference on Communications, Computers and signal Processing[C], IEEE Computer Society Press, 2003:143 - 148
[155] Q. Lv, P. Cao, E. Cohen etal., Search and replication in unstructured peer-to-peer networks[A], Proceedings of the 16th international conference on Supercomputing [C], ACM Press, New York, 2002:84 - 95.
[156] S. Joseph, NeuroGrid: Semantically Routing Queries in Peer-to-Peer Networks[A], Proc. of International Workshop on Peer-to-Peer Computing[C], 2002:202-214.
[157] D.A. Menascé, Scalable P2P search[J]. IEEE Internet Computing, 2003, 7(2):83 - 87.
[158] K. Sripanidkulchai, B. Maggs, H. Zhang, Efficient content location using interest-based locality in peer-to-peer systems[A], Proc. of Twenty-Second Annual Joint Conference of the IEEE Computer and Communications Societies(IEEE INFOCOM 2003)[C], IEEE Press, 2003:2 166 - 2 176.
[159] 许立波，于坤，吴国新，基于匹配路径和概率平衡树的P2P语义路由模型[J]. 软件学报, 2006, 17(10):2106-2117.
[160] P. Haase, J. Broekstra, M. Ehrig etal., Bibster-A Semantics-Based Bibliographic Peer-to-Peer System[A], Proc. of ISWC 2004[C], LNCS 3298, Springer, 2004.

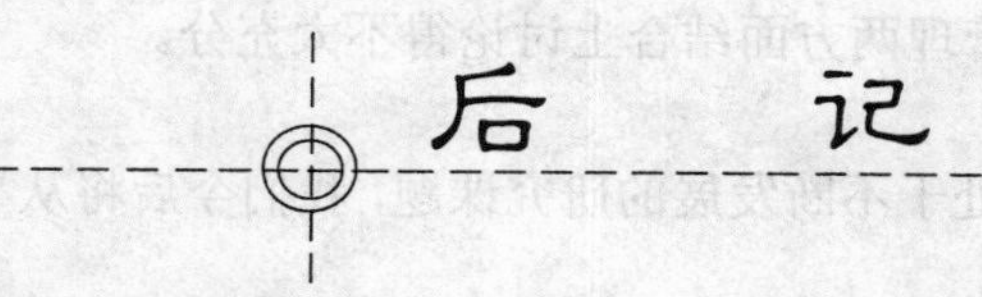

后 记

1. 主要工作总结

本书的主要目的就是假定在分布式环境下各信息源可以采用或转化成XML表示的情况下，如何利用本体解决信息集成中的语义异构的问题。特别讨论了在半结构化信息集成环境下的语义处理问题。主要做了以下工作：

（1）设计了一个本体信息集成机制，它采用 F-Logic 作为本体描述语言和表示机制，采用一种语义适配器的结构来集成各种异质的半结构化信息资源，并利用一种基于本体扩展的 XML 查询语言 FL-Plus 实现对 XML 文档在语义级别的访问，设计了相应的原型系统OBSA。

（2）针对现有的基于一对一本体映射机制的不足，分析了基于语义相似度的复杂本体映射机制，包括直接本体映射、包含本体映射、组合本体映射和分解本体映射等。并在此基础上讨论了基于复杂本体映射机制的本体集成的实现，特别讨论了基于 Mediator-Wrapper 模式的本体集成机制的实现及相应的步骤和算法。

（3）探讨了基于本体扩展的XML代数查询机制，克服了XML查询语言在语义级别处理的缺陷，并在此基础上讨论了如何利用集成的本体语义信息制定更为合理的查询规划，消除查询过程中的冗余信息，优化查询过程。使得查询的执行更准确、更合理。

（4）针对目前在数据网格环境下对基于语义信息处理研究的不足，提出一种基于Mediator-Wrapper的语义数据网格体系结构。它通过Mediator提供一个虚拟的数据源来兼容OGSA-DAI的数据网格标准，并在此基础上设计了一个基于SOAP的语义信息访问与处理的中间件，实现在网格环境下基于语义信息的处理。

（5）针对目前个人信息资源管理存在的问题，讨论了语义桌面的基本架构，并设计了相应的原型系统，并探讨了P2P环境下扩展语义桌面的技术策略。

2. 现有工作的不足

在学术研究领域，信息集成、语义网和知识网格等研究课题的不断开展，在实际信息系统项目实施领域、企业信息门户、知识管理、电子商务等业务系统的不断应用，促进了基于语义的非结构信息处理技术，特别是基于XML的非结构化信息处理技术的研究。本书所讨论的内容只是这些研究热点内容的其中一个部分，由于时间和学识水平的限制，本书的研究存在以下不足：

（1）由于本文是不同阶段多个不同研究内容的总结，各个研究目标在前提和假定背景方面各有不同，因此本书整体性存在不足，有待今后进一步整理和完善。

（2）对于信息集成环境下的一个局部节点，如何构建其语义环境，特别是基于本体的语义环境本书没有涉及。这本身也是非结构化信息处理领域的一个研究热点，本书假定能够利用他人的研究成果（如基于机器学习的方法和基于规则的方法等）或者通过领域专家手工构建。由于这个研究命题范围相当广泛，本书为保证论文结构的简洁，没有涉及这个命题。

（3）本书探讨了基于语义的查询规划等问题，但如何利用语义信息优点查询处理过程，提高查询处理的并行能力等课题，本书没有进行充分的讨论。

（4）在基于语义的 P2P 信息集成方面，尽管本书花了较大篇幅讨论语义 P2P 环境的构建，但在构建语义 P2P 环境和基于 XML 的信息管理两方面结合上讨论得不太充分。

3. 后期工作展望

基于语义的半结构化信息处理机制是一个仍处于不断发展的研究课题，我们今后将从事以下方面的研究：

（1）基于语义的半结构化信息存储机制的研究。对于这一命题，主要将考虑两个方面的问题：①如何结合半结构化信息的存储模式如 Native XML 数据库和基于本体的知识存储模式（如基于 RDF 的语义知识存储机制 SESAME 等）。②如何充分利用语义信息指导信息存储，并优化查询处理过程。

（2）利用信息节点的语义信息优化查询过程，提高查询效率也是我们将研究的内容之一。

（3）本书在引言部分介绍了基于语义的半结构化信息处理对于管理个人信息资源的意义，将研究如何利用语义信息构建个人语义信息门户，取代目前基于文件管理模式的个人信息资源管理模式等。

（4）在研究个人语义信息门户的基础上，将研究如何在 P2P 环境下共享各个计算机的语义信息资源，形成一个全局的语义信息门户。它将提升目前 P2P 网络环境的利用价值，从 P2P 环境下简单的文件（如 BT）共享过渡到基于语义的信息资源共享。

（5）继续研究如何在数据网格环境下充分利用语义信息资源，优化数据网格的语义信息查询处理。

（6）语义演化对集成环境下信息查询有很大的影响，研究语义演化的机制及对信息查询的影响是未来的一个研究方向。